우리 아이
자존감을 키우는
부모 수업

아들러 심리학으로 배우는
바람직한 자녀교육의 모든 것

우리 아이
자존감을 키우는
부모 수업

호시 이치로 지음 | 김현희 옮김

이너북
INNERBOOK

아이의 가능성은
부모의 말하기에 달렸다

심리치료사라는 직업 특성상, 나는 지금까지 수많은 엄마의 자녀교육에 관한 고민을 들어 왔다. 최근 만나본 엄마들이 자녀교육에 관해 가장 걱정하던 문제는 다음과 같았다.

"우리 아이는 사소한 일도 금방 포기해요."

"누군가에게 무슨 말만 들어도 충격을 받아서, 풀이 죽어요."

"자꾸 재촉하지 않으면 자기가 나서서 뭘 하려고 하지를 않아요."

사실 이런 문제는 아이들이 지금껏 실패를 어떻게 체험해 왔는지, 그 방식에 원인이 있다고 할 수 있다. 어떤 일을 잘하지 못했거나 실패했을 때 부모에게서 "그러면 안 돼!"라는 말을 들으며 자라는 아이는, '아무것도 못 하는 아이야.'라고 낙담하며 자신감을 잃고 소극적인 성격을 갖게 된다. 토라져서 의욕을 잃기도 한다.

최근에는 실패를 경험해보지 못한 아이들이 늘고 있다고 한다. 부모가 아이를 지나치게 보호하려다 보니, "이런 일은 하면 안 돼!" "내가 시키는 대로 해!"라고 사전에 길을 닦은 탓이다.

실패를 모른 채 성장하는 아이는 장래에 어떻게 될까? 아마 사소한 일에도 상처를 입고 회복하기가 힘들어질 것이다. 어쩌면 부모가 지시한 대로만 행동하는 수동적인 인간이 될지도 모른다. 실패를 지나치게 두려워한 나머지, 도전하지 못하고 자신의 가능성을 묻어버릴 수도 있다. 무엇보다 실패를 이겨내고 앞으로 나아가지 못하면, 격동하는 이 사회의 흐름을 따라잡기 힘들다.

이 사회에는 크고 작은 좌절을 겪고 이에 굴복하여, 세상 밖에 나가지 못한 채 집 안에 틀어박혀 지내는 젊은이가 많다. 돌이킬 수 없는 실수를 저질러 놓고 사표만 쓰면 책임을 다한 것이라고 착각하는 사람도 있고, 또 세상에 폐를 끼쳐서 죄송하다며 삶을 등지는 사람도 있다. 어쩌면 이들 모두가 실패에서 뭔가를 배우지 못한 것은 아닐까.

이 책에서 소개하는 아들러 심리학은 프로이트와 융에 필적하는 오스트리아 정신과 의사인 알프레드 아들러 박사가 제창한 실천 심리학이다. 여기서는 실패를 '나쁜 것'이 아니라 '소중한 체험'으로 본다. 특히 아이들에게는 실패가 성공으로 이어지는 가장 소중한 기회이기도 하다. 이 심리학에서 비롯된 교육법은 아이에게 자신감과 의욕을 심어준다. 그래서 '용기를 주는 교육법'이라고도 불리고 있다.

이 교육법에서는 아이가 실패했다고 해서 야단치거나 내버려 두지 않는다. "이번엔 잘되지 못했구나." "아쉽게 되었구나." 하고 일단 실패를 받아들이게 한 다음, "다음에는 어떻게 하면 잘될까?"라고 질문을 던지며 아이 스스로 생각하게 한다. 또한 남에게 폐를 끼쳤을 때 그 책임을 지는 방법도 가르친다.

요즘에는 매뉴얼대로 움직인다고 해서 모든 일이 저절로 해결되지는 않는다. 스스로 도전해보고, 실패하더라도 그 체험을 통해 뭔가를 배우고, 다음에 활용할 수 있는 능력이 절대적으로 필요한 이유다.

'실패를 두려워하지 않는 당당한 아이'로 키우는 일은, 앞으로 이 사회를 살아갈 아이에게 있어서 최고의 선물이 될 것이다. 아이에게는 부모와의 관계가 최초의 인간관계이며, 부모가 어떻게 자식을 대하느냐에 따라서 아이는 다양한 가능성을 갖고 성장하게 된다.

이 책은 자녀교육의 요점이라고도 말할 수 있는 '실패를 제대로 체험하는 방식'에 대해서 이야기한다. 또한 작은 실패를 발판으로 아이들이 크게 성장할 수 있도록, 그에 맞는 사고방식과 구체적인 노하우를 소개하고 있다. 자녀를 둔 부모들에게 이 책이 조금이나마 도움이 될 수 있다면 정말 행복하겠다.

호시 이치로

차례

1장

실패를 두려워하지 않는
아이로 키우는 법

2장

아이의 회복력을 키워주는
올바른 대화 습관

4장

아이의 자존감과
자신감 수업

성숙한 자녀교육을 위한 말하기 습관

6장

실패에서 배우는
자녀교육법

실패를 모르고 자란 아이는 '실패에 약한' 아이가 된다. 100점 만점을 받지 않으면 자신을 좋아할 수 없게 되는 셈이다. 실패를 모르는 아이일수록 작은 실패에도 주저앉고 만다. 부모의 역할은 아이가 실패를 겪지 않도록 보호하는 것이 아니다. 오히려 실패를 통해서 아이 스스로 무언가를 배울 수 있도록 도와주어야 한다.

1장

실패를
두려워하지 않는
아이로 키우는 법

❶
실패를 마주한 아이를 위한
부모의 역할은?

**실패에서 아이를 지켜주는 것은
올바른 해결방법이 아니다**

부모 입장에서 아이가 운동회에서 활약하거나, 대회에서 상을 받거나, 훌륭한 성적을 올리거나, 입시에서 합격하면 정말 자랑스럽고 기쁠 것이다.

그와는 반대로 숙제를 깜빡하거나 학용품을 잃어버려 선생님에게 호되게 야단을 맞거나, 축구팀에서 주전선수가 되지 못하거나, 나쁜 점수를 받은 시험지가 책가방 안에서 뭉개져서 나오기라도 하면, 부모는 당황하거나 실망하거나 또는 화를 낼지도 모른다.

자녀교육을 열심히 하는 부모일수록 '자식을 실패에서 지켜주는 것이 자신의 역할'이라고 굳게 믿는다. 그 때문에 사전에 위험한 일은 되도록 하지 못하게 막으면서, 성과가 오를 방법을 가르친다. "이렇게 하면 잘된단다." "이대로 하지 않으면 넌 실패할 거야."라고 다독이거나 으름장을 놓으며 아이를 위해 미리 길을 닦아놓는 것이다.

이런 식으로 부모가 준비해준 길을 걸으며 실패하지 않는 아이는 어쩌면 실패를 영영 체험하지 못할 수 있다. 엄마 말만 듣고 있으면 다 해결되기 때문이다. 하지만 언제까지 그런 일이 가능할까?

초등학교에서 1등을 차지하는 우등생이라도 중학교에 진학해서 1등이 된다는 보장은 없다. 또한 고등학교에 가서도 반드시 1등이 된다고 말하기는 더더욱 어렵다. 대학교도 마찬가지다. 대학교에서 1등이 된다는 것은 여간 어려운 일이 아니다. 회사에 들어가면 1등을 얻기란 더더욱 어려워진다. 이처럼 아이는 어느 시점에서 필연적으로 실패를 경험하게 된다. 사회에 나와서까지도 "엄마가 시키는 대로 하면 돼."라는 식으로 무조건 엄마 말만 따를 수는 없는 노릇이다. 결코 그렇게 한다고 해서 해결될 문제가 아니다.

과잉보호란 아이를 위해 사치를 부리는 것만 의미하지 않는다. 실패를 체험하지 못하게 가로막고 극진히 보호하면서 키우는 것 또한 과잉보호다.

실패를 모르고 자란 아이는 '실패에 약한' 아이가 된다. 100점 만점을 받지 않으면 자신을 좋아할 수 없게 되는 셈이다. 사춘기가 지나면 아이는 복잡해진 친구 관계와 크고 작은 실패에

직면하게 된다. 실패를 모르는 아이일수록 작은 실패에도 주저앉고 만다.

부모의 역할은 아이가 실패를 겪지 않도록 보호하는 것이 아니다. 오히려 실패를 통해서 아이 스스로 무언가를 배울 수 있도록 도와주어야 한다.

착한 아이보다 성장 가능성이 큰 아이는?

대처능력이 있는 아이가
더 크게 성장한다

최근 들어 쉽게 좌절하는 아이가 늘어난 것으로 보인다.

물론 어렸을 때는 부모가 실패의 위험으로부터 아이를 보호하므로, 그리 문제가 될 것은 없다. 그러나 아이가 자라나 사춘기를 거치고 또 성인이 되었을 때, 비로소 이 문제가 수면 위로 떠오른다.

이러한 문제는 사소한 인간관계에서 좌절하여 마음의 상처를 입고 스스로 고립되는 형태로 나타난다. 악화할 경우 섭식장애(정상적인 식사 행동에 장애가 오는 것으로 의학적으로 신경성 식욕부진, 신경성 폭식증 등으로 나뉜다. 일반인에게는 흔히 거식증, 과식증으로 잘 알려져 있다.)를 일으키거나 자해행위 또는 가정 내 폭력을 서슴지 않으며 사회에 나와서는 쉽게 좌절하고 우울 상태에 빠지고 만다.

여기서 핵심은 쉽게 좌절하는 아이들이 무언가를 잘못했다거나 어리광을 부리는 것이 아니라는 점이다. 아이들은 커다란 상처를 입은 상태로 열심히 SOS를 외치고 있다. 좌절하는 방식으로 괴로움을 표현하는 것 외에 달리 대처할 방법을 알지 못하는 것이다.

실패하면 분명히 상처를 입는다. 심지어 어린아이조차도 뭔가 원하는 대로 일이 잘 풀리지 않으면 슬픔과 실망감을 느낀다. 반면 어려서부터 제대로 실패를 경험하면서 자란 아이는 대처능력을 키울 수 있다.

대처능력이란 어려운 일이 닥쳐올 때 그것을 이겨낼 방법을 생각해내는 것이다. 다시 말하면 앞으로 어떻게 하면 좋을지 스스로 판단한 다음에 그것을 실행으로 옮기는 힘이다. 여기에 결과에 책임을 지는 능력까지 포함된다. 좋은 성적을 올리는지 또는 말썽을 일으키지 않고 착하게 지내는지 같은 점보다 실패했을 때 대처할 수 있는지가 아이가 앞으로 살아가는 데 있어서 더욱 중요하다.

실패로 인해 조금 상처를 입더라도 아이는 반드시 그 과정에서 성장한다. 실패는 '노란불'이라고 할 수 있다. 어떻게 기다려주느냐에 따라 빨간불도 되고 파란불도 되는 것이다. 실패를 체험하지 않은 아이는, 아무리 '착한 아이'라도 그저 수동적인 인간이 될 뿐이다. 즉 부모가 지시한 대로만 행동하고, 이를 응용하지 못할뿐더러 곤란한 상황에 처하면 어쩔 줄을 모른다.

아이가 실패를 통해 배우고 성장하기 위해서는, 먼저 부모가 아이의 실패를 인정할 줄 알아야 한다. 만약 아이의 일이 잘 풀리지 않아도 '이번에는 일이 잘 풀리지 않았지만, 다음에는 잘할 수 있을 거야.'라고 여겨야 한다.

실패란 아이에게 '이 방법으로는 안 되겠군.' 또는 '또 다른 방법이 있을지도 몰라.'와 같은 여유로운 태도를 직접 가르쳐주는 귀중한 기회다.

③ 부모가 아이의 실수를
마주했을 때

**부모가 아이의 실수를 두려워하면
아이는 도전을 어려워한다**

아이가 컵을 떨어뜨려서 깨뜨렸다고 해보자. 이때 "그럼 안 되잖아! 조심해!"와 같은 말이 튀어나오지 않는가? 또는 아이가 시험에서 낮은 점수를 받았을 때 "그것 봐, 그러니까 그렇게 공부하라고 했잖아!"라고 아이를 야단치지는 않는가?

실패는 결코 나쁜 것이 아니다. 사람이라면 누구나 실패를 겪기 마련이다. 특히 아직 서투른 게 많은 아이는 더 많은 실패를 경험한다. 누구나 처음부터 잘하는 일이란 없다. 아이에게는 하루하루가 새로운 도전과 실패의 연속이다.

실수를 하고 만 아이에게 "그럼 안 돼!"라고 야단치면, 아이는 완전히 자신감을 잃는다. 그래서 "어차피 난 아무것도 못 해." 하고 토라지거나 무기력감을 느낀다. 결국 실패를 두려워해서 새로운 일에 도전하지 못한다.

특히 구석에서 조용히 주변을 살피는 '소극적인' 아이들은, 실패가 두려운 나머지 직접 나서서 무언가를 하려고 하지 않는다. 도전하지 않는다면 실패를 겪을 일도 없다는 생각에서다. 이런 아이에게는 "실패해도 괜찮아."라고 격려해줘야 한다.

"잘하지 못해도, 엄마는 널 아주 좋아하고 응원한단다. 다음번에는 분명히 잘할 수 있을 거야!"

이렇게 자신감을 불어넣는 자세야말로 아이에게 큰 힘이 된다.

아들러 심리학에서는 '실패하는 것이 오히려 더 중요한 체험'이라고 말한다. 사람은 이치가 아니라, 체험을 통해서 '직접 알게' 된다. 그리고 그때야 처음으로 성장한다. 실패야말로 '직접 알 수 있는' 귀중한 기회인 셈이다. 이런 기회를 어린아이 때 얼마나 활용할 수 있느냐에 따라 앞으로 아이 인생이 완전히 달라질 수 있다.

미래가 불투명한 격동의 사회를 살아가는 요즘 아이들을 위한 자녀교육의 요점은 '실패를 제대로 체험하도록 돕는 일'이다.

4
실패를 겪은
아이에게 필요한 도움

실패가 반드시 깨달음으로
이어지는 것은 아니다

아이가 실패하면 부모들은 "그것 봐라!" "그러니까 내가 그렇게 말했잖아!"라는 식으로 이야기를 꺼내곤 한다. 무조건 아이 탓으로 돌리는 것이다.

물론 그런 말을 꺼내는 마음도 이해가 간다. 부모가 자녀보다는 체험이나 정보의 양이 훨씬 많으므로 '이대로 가다가는 실패한다'라고 예상하기도 쉬울 것이다.

"언제까지 그렇게 게임만 하고 있을 거니? 숙제 다 안 했잖아. 그러면 내일 학교에서 선생님에게 혼날 거야."

"매일 그렇게 놀면 성적이 떨어진다니까."

이런 식으로 입이 닳도록 충고했는데도, 아이는 아무렇지 않은 얼굴이다. 결국 부모가 예상한 대로 아이는 곤란한 상황에 빠지고 말았다. 이때 부모는 당당하게 이렇게 말한다. "그렇게 될 줄 알았어!"

하지만 엄마 아빠가 시키는 대로 하면 된다고 말하면서 공부하라고 계속 잔소리를 하거나 꾸짖는다면, 아이는 공부가 완전히 싫어질 수도 있다. 그렇다고 해서 "네가 알아서 다 해!"라고 내버려 둔다면, 아이는 부모가 자신을 미워한다고 생각해서 자신감을 잃고 만다. 그리고 의욕도 생기지 않는다.

아이가 실패를 겪고 풀이 죽어 있을 때, 비로소 부모의 도움이 필요하다. 부모가 아이를 야단치는 것도 내버려 두는 것도 모두 아이의 실패를 보고 실망했기 때문일 것이다. 하지만 시야를 넓히고 이것을 재도약의 기회로 삼자. 아이가 실망해서 기운을 잃었다면, 일단 "잘 안 됐나 보다." 하고 말을 걸자. 즉 실패를 있는 그대로 인정해주는 것이다. "아쉽게 되었구나." "그래서 풀이 죽었구나." 같은 말을 전하며 아이의 마음을 어루만져주자.

그다음 아이가 어떻게 하고 싶은지, 그러려면 어떻게 하는 것이 좋을지를 아이와 함께 이야기해보자. 이렇게 아이에게 도움을 주면, 부모와 자녀 간에 신뢰감이 커진다. 무엇보다 아이는 실패한 자신을 싫어하지 않고, 다시 일어설 수 있다.

아이가 똑같은 실패를
자꾸 반복하는 이유는?

**반성만으로는
실패를 고치기 어렵다**

물건을 자주 깜빡하거나 약속을 잘 지키지 못하는 아이가 있다고 해보자. 그런 자녀를 둔 엄마들은 아마 이렇게 말할지도 모른다.

"한 번이면 용서할 수 있어요. 하지만 몇 번이나 실수를 반복한다는 건 진심으로 반성하지 않는다는 증거가 아닐까요?"

잘 생각해보자. 어른들도 똑같은 실패를 여러 번 반복할 때가 있다. 약속 시각에 자주 늦는 사람도 있고, 항상 같은 문제로 시댁과 언쟁을 벌이는 엄마도 있다. 이처럼 반성만으로는 자신의 실패를 쉽게 고치기가 어렵다.

똑같은 실수를 반복하는 큰 이유는 실수를 해결할 방식을 모르기 때문이다.

집을 나서기 직전에 "아, 그걸 깜빡했네." 또는 "○○하는 걸 잊고 있었네." 하고 허둥지둥한다면 당연히 약속 시각에 늦을 수밖에 없다. 성격이 잘 맞지 않거나 이해관계에서 대립하는 사람과 어울리는 방법을 배우지 않는 한, 충돌은 반복될 것이다. 아이도 마찬가지다. 실패하지 않으려고 아무리 반성하고 다짐해도, 해결방식이 달라지지 않는 한 당연히 똑같은 행동을 반복한다는 의미다.

아이가 스스로 '실수하지 않으려면 어떻게 해야 할까?' 하고 고민하는 과정이 중요하다. 가능하다면 한 가지가 아닌 여러 가지 해결책을 궁리해낼 수 있도록 뒤에서 도와주자. 어떤 일이든 한 가지 방법만 있는 것은 아니다. 일이 잘 풀리지 않을 때 다른 방법을 떠올려보는 것은 아이가 살아가는 데 있어서 큰 힘이 될 것이다.

실패를 반복하는 아이에게서 흔히 보이는 행동이 있다. 자신의 실패에서 곤란함을 겪지 않는 것이다. 오히려 이로 인해 아이는 같은 실패를 반복한다. 아이가 집에 중요한 물건을 놓고 학교에 가도 엄마가 학교에 그 물건을 가져다준다면, 아이는 자신의 실수에서 곤란한 일을 겪지 않을 것이다. 숙제를 하지 않아도 선생님이 그냥 화만 내고 만다면, 아이는 별문제가 아니라고 생각할지도 모른다.

결국 주변 어른들만 곤란할 뿐, 아이 자신은 특별히 곤란한 경험을 하고 있지 않다. 핵심은 아이 스스로 "아, 이렇게 해서는 안 되는구나."라고 느껴야 한다는 것이다. 그런 시도를 하지 않으면, 아무리 "잘못했어요."라고 잘못을 빌고 반성하게 해봤자 아무 소용이 없다. 반성만으로 끝난다면 얼마든지 같은 실패를 반복할 것이다.

6

사과를 전하는 것보다
아이에게 더욱 필요한 것은

스스로 책임을 지는
방식을 가르쳐라

살다 보면 자신의 실수로 남에게 폐를 끼칠 때가 있다.

성적이 떨어진 것은 자신의 문제일 뿐 타인에게 폐를 끼치지는 않는다. 그러나 형의 게임기를 갖고 놀다가 망가뜨린 것은 폐를 끼치는 일이다. 그럴 때 부모는 자주 이렇게 말하곤 한다.

"고장 내면 어떡하니? 어서 형에게 미안하다고 말해!"

아이도 자신이 큰 실수를 했다고 생각한다. 그런데 부모가 무시무시한 얼굴로 화를 내고 흥분한 어조로 소리를 지른다면, 그것에 깜짝 놀라서 반사적으로 "잘못했어요."라고 빌 것이다. 물론 진심으로 미안하다고 말하는 것은 중요하다. 하지만 아이가 사과로 다 된다고 생각하게 해서는 안 된다.

우리는 종종 공원이나 전철 안에서 엄마에게 필사적으로 "잘못했어요."라고 말하며 우는 아이를 볼 수 있다. 아마도 엄마가 아이에게 무서운 표정을 보여서, 아이가 반사적으로 잘못했다고 말했을 것이다. 이때 아이는 엄마가 왜 화내는지 알지 못한 채, 엄마의 일그러진 얼굴을 보고 잔뜩 겁먹은 상태로 일난 용서를 받으려고 한다. 그래서 다음에도 같은 실수를 하면 똑같이 "잘못했어요."라고 말할 것이다.

누군가에게 폐를 끼쳤을 때는 그에 따른 책임을 져야 한다. 위의 예에서 책임을 진다는 것은 새 게임기를 사주는 것으로 볼 수 있다. 하지만 어린아이에게는 아직 무리다. 따라서 이때 아이들은 '같은 실패를 반복하지 않을 방법을 스스로 생각하는 일'을 배워야 한다.

어른 중에도 큰 실패를 저질러 놓고서 무릎을 꿇고 빌기만 하면 된다고 생각하는 사람이 있다. 이런 어른은 잘못했다고 우는 어린아이나 마찬가지다. 자신이 한 실수를 충분히 인정하고, 가능한 부분은 배상하면서 동시에 '앞으로 어떻게 해야 할까?' 하고 고민하며 그것을 행동으로 옮길 줄 알아야 한다. 그것이야말로 책임을 진다는 것이다.

옛날에는 사소한 실패에도 큰 형벌을 받았다. 하지만 지금은 각자가 행한 실패에 대해 '각자의 책임'을 묻는 사회다. 그러므로 부모는 아이에게 책임을 지는 방법을 제대로 가르쳐 줄 필요가 있다.

⑦ 실패는 나쁜 것이라는 착각을 버리자

아이의 실패가 곧 부모의 실패를 의미하지 않는다

독자 여러분 중에 '실패는 나쁜 것'이라고 배우면서 자란 세대가 많을지도 모르겠다.

얼마 전까지만 해도 핵가족화가 진행되면서 자녀교육은 '엄마 한 사람의 책임', 즉 아이의 실패는 '엄마의 자녀교육 방식의 실패'로 취급했다.

자녀 수가 줄어들면서 엄마들은 자녀교육에 더욱 매달렸다. 더 좋은 성적을 올리고, 더 나은 학교에 진학하고, 더 좋은 결혼을 시키기 위해서 엄마들은 아이가 걸어갈 길을 열심히 닦아놓았다. 즉 준비해놓은 길을 걸으면 아이가 실패하지 않으리라 생각한 것이다. 어쩌면 그 부모세대가 자녀에게 "더 좋은 엄마가 되어서, 좋은 아이를 키워라." 하고 부담을 주고 있을지도 모른다.

요즘 엄마들은 예전 엄마 세대보다 더욱 고립되기 쉬운 환경에 놓여 있다. 본디 아이는 지역사회 속에서 성장해야 하는 법이다. 그런데 요즘은 지역 공동체와 연결될 일이 거의 없고, 의지할 만한 이웃 사람이나 친척과의 유대도 희미해지고 있다. 그러다 보니 자녀교육이 엄마 한 사람의 책임이 되고 만다. 그래서 엄마 중에는 실패해서는 안 된다며 필사적으로 자녀교육에 매달리거나, 실패를 숨겨야 한다는 강박관념에 시달리다 못해 심하면 자녀를 학대하는 일도 있다.

실제로 자녀교육은 작은 실패의 연속이다. 처음부터 자녀교육을 잘하는 부모는 없다. 부모도 실패를 통해서 배워가면 되는 것이다. "엄마도 실패하고 말았네."라고 아이에게 자연스레 말하며, 그럴 때 어떻게 대처해야 좋은지 자신의 모습을 아이에게 보여주자.

아이가 실패를 겪었을 때, 내 자녀교육 방법이 잘못됐다고 생각할 필요는 없다. 거듭 말하지만 아이는 크고 작은 실패에 여러 번 맞닥뜨리며, 이 과정에서 실수를 통해 뭔가를 배워간다. 즉 실패를 경험하고서 스스로 행동할 줄 알고 자립해 나가는 것이다.

엄마 스스로 실패에 대한 잘못된 착각에서 탈피해야 한다. 아이를 믿고 지켜보자. 간혹 자녀가 실수를 겪고 부모의 도움을 필요로 할 때는 아이에게 든든한 버팀목이 되어줄 수 있도록 부모로서 성장하기를 바란다.

　다음 장에서는 든든한 부모가 되는 방법에 대해서 가능한 한 많은 예를 들어보았다. 부디 독자 여러분에게 큰 도움이 되기를 바란다.

실패를 두려워하지 않는 아이로 키우는 법

1. 실패를 통해서 아이 스스로 무언가를 배울 수 있도록 도와줘야 한다.
2. 아이가 실패를 통해 배우고 성장하기 위해서는, 먼저 부모가 아이의 실패를 인정할 줄 알아야 한다.
3. 실패의 경험을 어린아이 때 얼마나 활용하느냐에 따라 앞으로 아이 인생이 달라질 수 있다.
4. 아이가 실패를 겪고 풀이 죽어 있을 때, 비로소 부모의 도움이 필요하다.
5. 똑같은 실수를 반복하는 큰 이유는 실수를 해결할 방식을 모르기 때문이다.
6. 진심으로 사과하는 것은 중요하다. 하지만 아이가 사과로 다 된다고 생각하게 해서는 안 된다.
7. 아이가 실패를 겪었을 때, 내 자녀교육 방법이 잘못됐다고 생각할 필요는 없다.

이런저런 아이디어를 내보면서 아이 스스로 앞으로는 어떻게 할지 정하는 과정이 중요하다. 만약 그렇게 해서 잘 풀리지 않을 때는 다른 방법을 시도하면 된다. 부모에게 잔소리를 듣고 어쩔 수 없이 하기보다 자기 스스로 나서서 방침을 세우는 편이 그 성과도 훨씬 더 크다.

2장

아이의 회복력을
키워주는
올바른 대화 습관

"안 돼!"라고 금지하는 것은 해결책이 되지 않는다

금지보다는 앞으로 어떻게 할지
함께 생각해보자

어린 시절 공을 던지며 놀다가 이웃집 유리창을 깼던 적이 있는가? 예전에는 빈번히 있었더라도 지금은 그런 장면을 찾아보기 힘들어졌다. 유리가 튼튼해지고 공을 던지고 놀 만한 장소가 줄어든 탓도 있지만, 부모가 사전에 막는 것이 가장 큰 이유가 아닐까 싶다. "여기서 공을 던지면 어떡하니! 유리창 깨지면 어쩌려고!"라고 말하며 자녀의 행동을 막아서는 것이다.

그렇다고 유리를 깨면서 놀게 하라고 권하는 것은 아니다. 하지만 "이것은 안 돼!" "저것도 안 돼!"라는 금지사항이 늘어나면 아이는 자연스레 밖에서 놀지 않는다. 열중해서 놀다 보면 자기도 모르게 실수를 하게 되는 놀이가 공놀이다. 이렇듯 부모의 금지로 더는 밖에서 놀지 않는 아이에게 처음 필요한 것이 '원상회복'이다.

즉 상황이 심각해지지 않도록 긴급히 대처하는 것이다. 만약 집 안에서 공을 던져 유리가 깨졌다면 "여기서 공을 던지면 어떡해!" 하고 야단치기 전에 먼저 유리를 치워야 한다. 여기저기에 깨진 유리 조각이 널려 있으면 위험하니까 말이다. 교통사고가 일어났을 때도 다친 사람이 피를 흘리고 있는데 그 옆에서 어느 쪽이 잘못했는지 잘잘못을 먼저 따지지 않는다. 그런 일은 뒤로 미루고 우선 구급차를 부를 것이다.

유리를 다 치우면 "유리를 깼구나. 저런, 실수를 하고 말았네."라고 말하며 아이를 확인하자. 이때 무서운 얼굴을 보일 필요는 없다. 아이는 이미 유리가 깨져서 깜짝 놀란 상태다. 부모가 야단치지 않아도 자신이 잘못했음을 느끼고 있을 것이다. 그런 만큼 "어떻게 해야 앞으로 유리를 깨지 않고 잘 놀 수 있을까?" 하고 묻는 것이 가장 좋다.

어린아이일수록 단순한 대답을 하기 마련이다. 그래서 "앞으로는 공 가지고 놀지 않을게요."라고 대답할 수도 있다. 공을 갖고 노는 것은 나쁜 일이 아니다. 실패하지 않으려고 더는 하지 않겠다는 것은 긍정적인 해결방법이라고 할 수 없다.

"공을 갖고 놀지 말라는 것이 아니란다. 엄마는 공을 가지고 노는 것은 좋다고 생각해. 하지만 어떻게 해야 유리창을 깨지 않고 놀 수 있을까?"

이런 식으로 물어보는 것이 좋다. 아이가 잘 생각해내지 못하면, "이렇게 해보면 어떨까?" "아니면 이런 방법도 있는데." 라고 조금씩 힌트를 주자. 예를 들어 창문 쪽을 향해서 던지지 말고 창문을 등지고 던진다든지, 부드러운 공을 사용하거나 집 밖에서 노는 방법도 있을 것이다. 또 길에서 놀면 다른 집 유리창을 깰 수도 있으니 공원에서 노는 방법 등, 생각해보면 해결책은 많다.

많은 엄마가 "다음부턴 이렇게 해."라고 처음부터 아이에게 답을 주려 한다. 하지만 여러 선택지를 두고 아이 스스로 고르게 하는 것이 중요하다. "어떤 게 좋다고 생각하니?"라는 질문에 "이렇게 할래요."라고 아이가 직접 결정했다면, 아이의 의견을 인정해주자.

마지막으로 아이 스스로 실패에 대한 책임을 져야 한다. 실패했을 경우 책임을 지는 방식에는 어떤 것이 있을까?

예를 들면 아빠에게 말하게 하는 방법도 있다. 아이 스스로 말할 수 있다면 더욱 좋다. "공으로 놀다가 유리창을 깼어요. 다음부터는 깨지 않도록 ○○하겠어요."라고 말이다. 하지만 아이가 주저하는 듯하면 "엄마가 옆에 있어 줄까?" 하고 물어보는 것도 괜찮다.

만약 아이가 다른 집 유리창을 깼다면 당장 변상하러 가고 싶겠지만, 그전에 아이가 책임을 질 필요가 있다. "그 댁에 폐를 끼쳤구나. 창문을 깨서 죄송하다고 말하러 갈 수 있겠니?"

라고 아이에게 먼저 물어보자. 아이 혼자 갈 수 있다고 대답하면 일단 혼자 가게 두자.

혼자서 가지 못하겠다고 말하면 "그럼, 엄마도 같이 가줄까?" 하고 도움을 주자. 이때는 "사과는 엄마가 하는 게 아니야. 네가 해야 한다."라고 확실히 일러두는 것이 좋다.

②
물건을 깜빡하는 습관을
고치게 하려면

부모가 대신 물건을
챙겨주지 말아야 한다

아이가 집에 뭔가를 놓고 학교에 그냥 갔다고 해보자. 그
럼, "이런, 오늘 이게 없으면 곤란할 텐데!"라고 학교에 서둘
러 갖다 주는 엄마가 있을 것이다.

또 이런 엄마도 있다. 아이의 책가방을 매일 확인하면서 혹
시 챙기지 않은 물건이 없는지 미리 완벽하게 준비해주는 그
런 엄마. 아이가 저학년이라면 괜찮지만, 심지어 6학년이 된
후에도 엄마가 대신해주는 경우가 많다.

그렇다면 학교에서 아이들은 어떨까? 집에 중요한 물건을
놓고 오면 선생님은 아이를 혼내면서도 대체로 "옆 친구에게
보여 달라고 해라." "누가 좀 빌려줘라."라며 해결책을 제시한
다. 즉 선생님이 아이가 해야 할 일을 대신해주는 것이다.

결국 어른들이 도와주면 아이는 곤란한 상황을 겪지 않아도 된다. 선생님과 어머니가 화를 내도, 그 순간만 잘 넘기면 어떻게든 주위에서 해결해주기 때문이다.

가져가야 할 물건을 잘 챙기지 못하는 아이는 야단을 맞는데 곧 익숙해진다. 오히려 아이 스스로 누군가에게 "물건 좀 빌려줄래?"라고 부탁하거나 물건이 없어서 곤란한 편이 나을 수 있다. '아, 이렇게 안 갖고 오면 큰일이구나!' 하고 실감할 수 있어서다.

물건을 잘 챙기는 습관을 키우려면 일단 아이 스스로 곤란한 상황을 경험하는 것이 중요하다. 선생님의 방침이 어찌 되었든 간에 적어도 가정에서는 아이가 한 실패의 뒤처리를 해주지 말자.

만약 물건을 안 갖고 가서 또 선생님께 야단을 맞았다는 말을 들으면, "왜 잊었니?" 하고 야단치기보다 이렇게 대처하면 어떨까? "야단을 맞았다면 책임을 져야 해. 책임을 진다는 건 앞으로 물건을 잊지 않고 꼭 챙기는 방법을 너 스스로 생각해 보는 거야."라고 말해주는 것이다.

"정말 너는 어떻게 된 게 날마다 하나씩 빠뜨리고 가니?"라고 야단만 치다 보면, 아이 자신도 스스로를 물건을 챙기지 못하는 아이라고 굳게 믿게 된다. 그럼, 아이가 자신을 바꿀 기회를 놓치고 마는 셈이다.

어떻게 하면 잊지 않고 챙길 수 있는지를 아이 스스로 생각하게 두는 것이 중요하다. 수첩에 적어둔다거나 친구의 수첩을 자신의 수첩과 비교해본다든가, 아니면 필요한 물건은 전날 밤에 미리 준비하는 등 여러 가지 방법이 있다. 아이가 곤란한 상황을 겪어봐야만 자기 나름대로 '물건을 잊지 않고 잘 챙기는 대책'을 궁리할 수 있음을 명심하자.

③
잃어버린 물건을
사주는 것이 좋을까?

물건을 매번 사주면,
아이는 스스로 해결할 힘을 잃고 만다

"우리 아이는 늘 뭔가 빠뜨리고 학교에 가요."

이 말과 함께 자주 듣는 고민이 바로 '아이가 물건을 잘 잃어버린다'이다.

혹시 아이가 물건을 잃어버렸을 때, 새로 사준 지 얼마 안 됐다며 야단을 치면서도 또 새로 사주고 있지는 않은가.

물건을 잃어버려서 아무리 야단을 맞아도, 어차피 부모가 다 알아서 사준다고 여긴다면 아이는 결코 곤란한 일을 겪지 않아도 된다. 엄마가 화를 내는 동안만 참고 있으면 되기 때문이다. 물건을 사주지 말라는 것이 아니다. 아이가 물건을 잃어버렸을 때 무조건 사주는 것이 옳지 않다는 의미다.

"자를 잃어버렸니? 안 됐구나."

이렇게만 말하고, 한동안 상황을 지켜보면 어떨까? 자가 없으면 곤란한 것은 아이일 테니까, 굳이 엄마가 화를 낼 필요는 없다.

"자가 없으면 선생님께 야단맞아요."

"저런, 그럼 어떻게 할래?"

아이 스스로 해결책을 생각하게 해야 한다.

"사주세요. 내일 써야 된단 말이에요."

"그렇지만 잃어버릴 때마다 새로 사면 돈이 아깝잖니. 그밖에 또 할 수 있는 일이 없을까?"

"…다시 한번 찾아볼게요."

"그럼, 엄마도 같이 찾아줄까?"

이렇게 해서 엄마와 아이가 함께 방 안을 살펴봐도 찾지 못할 수 있다.

"부탁이니까 좀 사주세요."

그러면 아이가 다시 부탁해올 것이다.

충분히 찾은 후에 아이가 직접 사달라고 부탁한다면 그제야 사줄 수도 있다. 아니면, "혹시 학교에 놔두고 왔을지도 모르니 내일 다시 한번 찾아보면 어떨까?"라고 말할 수도 있다. 하루나 이틀 정도 자 없이 참아보게 하는 것도 좋다. 그리고 학교에서도 선생님에게 "자가 없어요."라고 말하면서 멍하니 기다리게 하지 말고, 아이 스스로 먼저 친구에게 빌려달라고 부탁하도록 지도하면 된다.

사줄 때는 다시 잃어버리지 않도록 그냥 약속만 하는 것이 아니라, 어떻게 하면 잃어버리지 않을지 아이 스스로 방법을 생각해보게 하자. 아무리 약속해도 잃어버리는 물건은 있게 마련이다. 하지만 평소에 책상을 잘 정리한다든지, 물건에 이름을 써두거나 학용품은 항상 정해진 곳에 넣어두는 등, 아이디어를 떠올려보면 효과가 있을 것이다.

❹
자기도 모르게 한 실수에
주의를 주지 마라

주의 대신 실수를 줄이는 방법을
같이 생각해보자

아이의 시험지를 보고 '얘가 자기도 모르게 실수를 했네.' 하고 안타까웠던 적이 있는가? 계산을 틀리거나 답을 잘못 쓰고, 문제를 잘못 이해하는 등의 사소한 실수 말이다. 그렇다면 어떻게 해야 아이가 이런 실수를 되풀이하지 않을까?

"아깝잖아! 다음부터는 조심해."

이런 식의 주의를 받아도 자기도 모르게 한 실수는 또 일어나기 마련이다. 다른 방식을 생각하지 않는 한, 똑같은 실수를 반복하게 될 것이다.

"어떻게 해야 실수를 줄일 수 있을지 너 스스로 충분히 생각해보렴!"

무서운 얼굴로 아이를 재촉하는 것은 효과적이지 않다. 야단을 맞으면, 아이는 당황하여 순간적으로 아무것도 떠올리지 못하기 때문이다.

아이가 이러한 실수에 어떻게 대처하려는지가 중요하다.

"이번엔 70점이었구나. 실수만 없었으면 90점 땄을지도 모르는데, 아쉽네."

이런 식으로 미소를 지으면서 말을 건네보면 어떨까?

아이 스스로 무척 안타까워하고, 그 실수를 줄이는 대책을 세우려고 한다면 실패는 좋은 기회로 전환된다. 어떻게 하면 실수를 줄일 수 있을지 아이와 함께 생각해보자.

시험에서 실수를 줄이는 방법에는 다음과 같은 것들이 있다. 서두르지 말고 천천히 계산한다. 문제를 잘 읽는다. 마지막에 반드시 검토한다. 집에서 연습문제를 자주 풀면서 실수를 줄이는 연습을 한다.

이런저런 아이디어를 내보면서 아이 스스로 앞으로는 어떻게 할지 정하는 과정이 중요하다. 만약 그렇게 해서 잘 풀리지 않을 때는 다른 방법을 시도하면 된다. 부모의 잔소리에 어쩔 수 없이 행동하는 것보다 아이 스스로 대책을 세우는 편이 성과가 훨씬 더 크다.

5
아이에게 억지로
사과를 시키지 말자

아이 곁에서 아이 스스로
사과할 수 있도록 도와주자

형이 크리스마스 선물로 받은 게임기를 동생이 만지작거리다 망가뜨렸다고 해보자. 이때 부모가 할 수 있는 가장 나쁜 대응은 다음과 같다.

"그럼 못 써!"라고 엄마가 동생에게 야단을 치자, 동생은 엄마에게 "잘못했어요."라고 빈다. 그러자 엄마는 형에게 "게임기가 망가졌네. 동생이 일부러 그런 건 아니니 용서해주렴."이라고 말한다.

용서하기에 앞서 동생은 자신의 행동에 책임을 져야 한다. 망가뜨린 일이 옳은지 그른지 따지는 것보다, 아이가 어떤 식으로 책임을 지는가가 중요하다. 이럴 때는 동생에게 다음과 같이 묻는 것이 좋다.

"형이 소중하게 여기는 게임기가 망가졌구나. 형에게 뭐라고 말할래?"

동생이 어떻게 해야 좋을지 모른다고 한다면, 진심으로 미안하다고 사과할 수 있도록 엄마가 곁에서 도와줘야 한다. 형이 화낼까 봐 무서워서 못 하겠다고 하면 "엄마가 옆에 있어 줄까? 하지만 미안하다는 말은 네가 해야 해."라고 말하는 것이 좋다. 아이가 직접 사과할 수 있도록 '협력'하는 것이다.

"왜 망가뜨린 거야! 너, 두 번 다시 내 물건 만지지 마!"라고 형이 동생에게 마구 화낼지도 모른다. 그렇다고 엄마가 동생이 안쓰럽다는 이유로 이렇게 말해서는 안 된다.

"동생이 사과했는데 그렇게 말하면 어떡하니? 일부러 한 게 아니잖아! 넌 형이니까 동생에게 너그러워야지."

이런 식으로 동생 편에 서서 야단치지 마라. 애써 사과할 용기를 낸 동생의 편에 서고 싶겠지만 형도 소중한 물건이 망가져서 슬픈 상태이기 때문이다.

형제란 서로 엄마의 관심을 더 받는지 항상 경쟁하는 관계다. 엄마가 동생 편만 든다고 생각하면, 형은 더욱 화를 낼지도 모른다. 동생에게 거칠게 말하거나 나중에 동생에게 분풀이를 할 수도 있다. 그러므로 이때 엄마의 올바른 반응은 "그렇게 말하면 동생이 상처를 받을지도 모르잖니." 정도로 말하는 것이다.

다른 방법으로 형제가 자신의 마음을 터놓고 말할 수 있도록 '사회'를 보거나 엄마가 그 자리를 떠나는 것이 있다. 뜻밖에도 엄마가 자리에서 사라지면 형제간의 싸움이 진정되는 경우도 많다.

사회를 본다면 아이들이 서로 자신의 마음을 터놓을 수 있게 도와주고, 그다음 앞으로 어떻게 할지 결론이 나오도록 이야기의 행방을 지켜보도록 하자. '형의 물건을 두 번 다시 만지지 않는다'는 결론이 나와서는 안 된다. 앞으로 형에게 물어본 후에 게임기를 사용한다든지, 교대로 사용한다는 규칙을 정하거나 게임기를 고칠 수 있는지 아빠에게 물어보는 등 긍정적인 방법을 생각할 수 있도록 도와주자.

6
아이가 엄마를 도우려다
실수를 한다면

아이의 진심을
헤아릴 줄 알아야 한다

어린아이들은 대개 엄마를 돕고 싶어 한다. 그러나 실제로
는 아직 서툴러서 엄마를 도와주기보다는 오히려 시간이 더
걸리게 하고, 손도 더 가게 만드는 경우가 많다.

엄마의 식사 준비를 도와주려던 아이가 손이 미끄러지면
서 그릇을 깬 적은 없는가. 그때 "뭐 하는 거야! 누가 너더러
도와달라고 했어? 넌 들어가서 공부나 해!"라고 말해서는 안
된다.

아이는 엄마를 도와주려고 한 일인데, 예상치 못하게 그릇
을 깨뜨리고 말았다는 사실만으로도 이미 충격을 받은 상태
다. 그런데 엎친 데 덮친 격으로 엄마에게 야단을 맞고 말았다.
이때는 아이의 마음을 헤아리는 것이 우선이다.

이럴 때는 일단 "이런, 그릇이 깨져버렸구나."라고 말해주자. 그다음 아이가 다치지 않도록 깨진 파편을 치우는 일이 우선이다. 아이의 나이에 따라서는 치우는 것을 돕도록 하는 것도 좋은 방법이다. 그릇을 다 치우고 나서 "그릇은 깨져서 아깝지만, 그래도 깨끗하게 치웠네."라고 한 마디 칭찬해줄 수도 있다.

한시라도 빨리 식사하고 싶은 마음이 간절하겠지만, "이젠 됐으니까 그냥 앉아 있어."라고 말하기보다 이 기회에 그릇을 떨어뜨리지 않고 잘 운반하는 방법을 가르쳐주자. "이렇게 양손으로 여길 잡는 거야." "이 아래를 꼭 잡는 거야."라며 시범을 보여주면서 설명한다. 그리고 "그 접시를 그쪽에다 놔줄래?"라고 다시 한번 부탁하면서, "이번에는 떨어뜨리지 않고 잘했구나."라고 칭찬하는 데서 끝내는 것이 가장 좋다.

이러한 과정에서 아이는 '다음부터는 더 조심해서 엄마를 도와줘야지.' 하고 의욕이 생긴다. 그릇이 깨지는 것으로 그 상황이 끝난다면 아이는 두 번 다시 돕고 싶다는 마음이 들지 않을 것이다.

엄마를 도와주는 일은 '타인에게 도움이 되는 일'을 배울 수 있는 좋은 경험이 된다. 그런 만큼 아이가 엄마를 도와주었을 때 "엄마를 도와주다니 착한 아이구나."라고 칭찬하기보다 "도와줘서 기쁘구나." "네가 도와줘서 정말 큰 도움이 됐단다."라고 말해보자.

도움을 주는 일이 '착한 아이'라는 칭찬을 받고 싶어서가 아니라, '도움을 주면 누군가 기뻐하고, 그 사람에게 도움이 된다.'라고 아이 스스로 생각하게 하는 것이 중요하다.

⑦ 심부름이 서투른 아이에게 해야 할 말

> 결과가 만족스럽지 못해도
> 아이에게 고마움을 전하자

예전에 아이들이 처음으로 홀로 심부름을 가는 모습을 담은 TV프로그램이 있었다. 그 프로그램을 보면 괜히 가슴이 두근두근한다. 엄마는 집에서 아이를 기다리다 아이가 무사히 돌아오면 안심하고 자랑스러워한다.

엄마가 어린아이에게 심부름을 부탁하는 데는 실제로 도움이 되기를 바라는 마음보다는 새로운 일에 아이가 도전해보았으면 하는 마음이 크다. 초등학교 고학년 정도가 되면 아이는 엄마에게 꽤 큰 도움이 된다. 그래서 엄마도 심부름을 시키는 일이 늘어난다.

어떤 엄마가 카레라이스를 만드는 데 필요한 재료를 메모지에 적어서 아이에게 사다 달라고 부탁했다고 해보자.

그런데 아이가 정작 중요한 소고기를 깜빡하고 사 오지 않았다.

"왜 잊었어?" "다시 한번 갔다 와. 이번에는 제대로 사와야 해. 저녁 식사가 늦어지겠네. 어서 서둘러!"

이런 식으로 말하고 싶겠지만, 아이 스스로 엄마를 도우려고 생각해서 해준 일이다. 안 사 왔다고 해서 야단치거나, "다시 한번 갔다 와!"라고 명령해서는 안 된다. 아이가 도와준 일에 결과만 요구한다면, 아이는 점점 엄마를 도와주고 싶은 마음이 들지 않을 것이다.

"소고기는 잊었지만, 다른 것은 제대로 다 사 왔구나. 큰 도움을 줘서 고마워."라고 당연히 아이에게 감사를 표시해야 한다. 그 후에 아이에게 이렇게 물어보는 일도 가능하다.

"소고기가 없는 카레는 맛이 없지 않을까? 그럼 소시지라도 넣을까?" "엄마가 서둘러서 사 올까? 아니면 네가 다시 한번 갔다 올 수 있겠니?"

아이가 다시 사 오기 귀찮아한다면 거기까지다.

단, 아이에게 심부름을 보낼 때 "사다 주면 천 원 줄게."라고 돈을 제시했다면 이야기가 달라진다. 이때는 엄마가 아이에게 부탁한 일이 다 끝나지 않았으므로 돈을 줄 수 없다.

"사다 줘서 도움은 되었다만, 소고기가 빠졌으니까 돈은 줄 수 없구나." "다시 한번 가서 고기를 사 오면 돈을 줄 수 있는데."라고 물어보자. 그래도 아이가 갈 마음이 없으면 "그럼,

돈은 줄 수 없겠지만, 재료를 사다 줘서 고맙구나." 하고 말하자. 물론 아이는 유감스러워할 것이다.

아니면, 이렇게 질문하는 방법도 있다.

"다음에는 잊지 않았으면 좋겠구나. 어떻게 하면 잊지 않을까?"

8
약속을 잘 어기는
아이에게 할 수 있는 일

벌보다는 규칙을
정해주는 것이 효과적이다

5시 반까지 집에 들어오라고 약속했는데, 그 시간을 지키지 않아서 몇 번이나 야단을 맞는 아이가 있다고 해보자. 약속을 어기는 일이 반복되다 보면 엄마는 아이가 왜 약속을 지키지 못하는지 짜증이 날 것이다.

엄마 중에는 화가 크게 나서 "난 너 같은 아이는 모른다! 밖에서 반성해!"라고 말하며 집에서 아이를 쫓아내는 사람도 있다. 이러면 아이는 엄마에게 거부당하는 것을 무서워해서 다음부터 시간을 지키려고 열심히 노력할지도 모른다. 그러나 왜 약속을 지켜야 하는지, 약속을 지키는 소중함을 배우지는 못한다. 두려움에 사로잡혀 엄마가 시키는 대로 하고 있을 뿐이다.

이처럼 아이에게 일방적으로 벌을 주는 것은 그다지 좋지 않다. 만약 벌을 준다면 "다음에도 집에 늦게 돌아오면 간식을 안 줄 거야, 알았지?" "약속을 어기면 그다음 날은 놀러 가지 못하는 것으로 할게. 그럼, 괜찮지?" 하는 식으로 아이와 이야기를 나누고, 서로 이해한 다음에 규칙을 정해야 한다.

약속 시각을 지키지 못할 때는 사과하라고 말할 수도 있지만, 이 또한 좋은 방법은 아니다. 이런 말을 들은 아이는 자신이 약속을 어겼을 때 사과하면 다 된다고 생각하기 때문이다. 엄마 얼굴만 보고 반사적으로 "죄송해요!"라고 말하며 방으로 들어갈지도 모른다.

사과하는 것도 중요하지만, 그것으로만 끝난다면 아이는 약속의 중요성을 깨닫지 못한다. 그렇다면, 어떻게 하면 좋을까?

일단 아이가 항상 약속을 지키지 못한다고 생각하며 신경질적으로 받아들이지 마라. 어른들도 약속에 늦는 일이 자주 있지 않은가.

물론 약속 시각에 자주 늦는 것은 곤란하다. 아이에게 약속을 지키는 습관을 배우게 하고 싶다면 어떻게 해야 할까? 두 가지 과정이 필요하다.

먼저 엄마의 곤란한 마음을 전하는 일이다.

"네가 늦어서 걱정했어." "네가 언제 올지 몰라서 저녁 식사 준비도 못 하고 엄마는 참 곤란했단다."라고 말해주는 것이다.

그리고 어떻게 하면 늦지 않을 수 있는지 아이와 함께 생각해봐야 한다.

동네에 따라서는 저녁 대여섯 시가 되면 음악이 흐르기도 한다. 그 음악이 들리면 곧바로 집에 돌아오도록 한다든지, 친구 집에 놀러 갔을 때도 친구 엄마에게 "시간이 되면 아이에게 알려주세요."라고 미리 부탁해둔다. 자녀의 나이에 따라서는 손목시계를 채워주는 등, 여러 가지 방법이 있다.

아이가 못 하는 일에 대한 좋은 해결책을 찾지 못하는 한, 아무리 주의를 시키고 야단을 쳐도 소용없다. 야단치지 말고 어떻게 하면 해결할 수 있을지 아이와 함께 생각해보는 것이 부모의 역할이다.

전에는 30분이나 늦었는데 오늘은 10분만 늦었다면, 그만큼을 칭찬해줘야 한다.

"전보다 일찍 돌아왔구나. 계속 그렇게 정해진 시간 안에 돌아오면 좋겠는데."라고 아이의 변화를 기쁘게 받아들이자. 또 아이가 시간을 지켰다면, "약속을 잘 지켜주었구나. 엄마는 참 기쁜단다."라고 말해주자.

9
아이가 반려동물의
죽음을 맞닥뜨렸을 때

아이가 '죽음'을 배우는
귀중한 경험이 되도록 도와주자

새를 키우고 싶은 아이에게 "네가 제대로 새를 돌본다면 사주마."라는 조건을 걸고 새를 사주었다고 해보자. 하지만 새장 청소와 같은 일은 아직 아이에게는 어렵다. 그래서 부모는 잠자기 전에 새장에 이불을 덮어주는 간단한 역할을 아이에게 맡겼다. 겨울에 새장이 있는 방의 난방을 끄면 꽤 춥기 때문이다.

그런데 어느 날 밤, 아이가 새장에 이불을 덮어주는 것을 깜빡했다. 다음 날 아침, 새장 속의 새는 차가운 몸으로 죽어 있었다. 아이는 울면서 슬퍼했다. 아이가 너무 슬퍼하는 바람에 엄마는 속으로 '내가 더 조심했어야 했는데.'라고 생각했다. 하지만 원래 이불을 덮는 일은 아이의 몫이다. 그래서 "네가 이불을 덮어주는 것을 잊어서 새가 죽었잖아. 그렇게 울 거였으면 처음부터 새를 키우지 않는 게 나을 뻔했구나."라고 말했다면 어떨까?

아이는 충분히 자신이 잘못했다는 것을 알고 있다. 그래서 슬프고 분해서 울고 있는 것이리라. 이런 상황에서는 차라리 키우지 않았으면 좋았겠다는 말은 아이에게 상처를 준다. 아이 스스로 돕고 싶어 한 의지와 그때까지 새를 돌보는 일을 분담해 온 아이의 노력이 쓸모없는 일이 되고 만다.

아이가 울고 있는 동안은 약간 흥분한 상태이기 때문에 그냥 놔두고, 어느 정도 울음이 가라앉으면 아이에게 말을 걸어보자.

"무척 안타깝구나. 추운 곳에 놔두었더니 이렇게 되고 말았네."

"무덤을 만들어서 새를 묻어주자."

요즘 아이들은 '죽음'을 가까이에서 체험하는 일이 거의 없다. 사람들이 보통 병원에서 숨을 거두고, 조부모의 죽음도 "먼 곳에 가셨단다." "천국에 가셨단다."와 같은 말로 둘러대는 부모가 많기 때문이다.

하지만 모든 생물은 언젠가는 죽는다. 서바이벌 게임과 달라서, 한번 죽으면 다시 살아날 수는 없다. 반려동물이 죽었을 때는 이러한 사실을 아이가 제대로 알아갈 수 있도록 도와주는 일이 중요하다.

"함께 무덤을 만들어줄까?"라는 질문에 아이가 "네."라고 대답했다면 같이 만들자. "네가 무덤을 만들어줘서 새도 안심하고 천국에 갔을 거야."라고 아이가 해낸 일에 대해서 인정해주자. 그리고 기회를 봐서, "다음에 또 새를 키우게 된다면 어떻게 해야 잊지 않고 잘 돌봐줄 수 있을까?"라고 물어보자.

"작은 새 그림을 그려서, 침대 옆에 붙여두면 돼요."

이런 식으로 아이들은 자기 나름대로 좋은 방법을 생각해낼지도 모른다.

"그래, 그렇게 하면 잊지 않고 제대로 돌볼 수 있을 것 같구나."라고 대답해주자.

'난 자주 깜빡하니까 동물을 잘 키우지 못할 거야.'라는 생각을 아이가 갖지 않아야 한다. 이와 반대로 '이런 식으로 한다면 다음에는 반드시 잘할 수 있을 거야.'라고 생각하도록 지도해야 한다.

10
아이가 개미나 나비를
자꾸 괴롭힌다면

**생명의 소중함을 알면
상대방의 아픔을 아는 아이가 된다**

어린아이들은 종종 개미를 발로 밟거나 나비의 날개를 꺾으면서 놀기도 한다. 엄마 눈에는 잔혹한 놀이라고 생각할지도 모르지만, 사실 훨씬 더 잔혹한 것은 어른들이다. 실험을 위해서 개나 쥐 등을 죽이거나 반려동물을 버리는 사람도 많다. 조류독감이 만연하면 몇만 마리의 닭이 한꺼번에 몰살을 당하기도 한다.

물론 개미를 발로 밟는 행동이 좋다고 말하는 것이 아니다. 그럴 때는 그건 나쁜 일이라고 야단치는 것이 아니라, 그 행동을 통해서 무언가를 배울 수 있게 해야 한다.

"개미도 살아 있는 동물이야. 만약 네가 공룡에게 발로 밟힌다면 어떻게 되겠니?"

이런 식으로 말을 건네보자. 자신의 그릇된 행동이 누군 가를 아프게 할 수도 있다는 사실을 깨닫게 될 것이다.

이는 비단 동물을 대할 때만 알 수 있는 것이 아니다. 예를 들어, 우리는 편안한 생활을 유지하고 있지만, 아프리카 오지의 어떤 나라에서는 굶어 죽는 아이가 많다.

"어느 나라에서는 아직도 굶어 죽는 사람들이 있단다. 네가 어른이 되었을 때 그런 사람이 조금이라도 줄어들 수 있도록 열심히 노력해주면 좋겠어."

이런 식으로 이야기해주면 어떨까?

상대의 아픔을 아는 마음, 그리고 누군가에게 도움을 주고자 하는 마음, 이러한 것들을 어린 시절에 반복해서 가르쳐주기를 바란다.

전철에서 떠드는
아이에게 보여야 할 태도

아이를 야단치기보다 타인에게 끼치는
폐에 대해서 깨닫게 하라

아이들이 전철 안에서 한창 수다를 떨다가 자신도 모르게 목소리가 점점 커진다. 그러자 옆에 있던 아저씨가 시끄럽다고 주의를 준다고 해보자.

이때 "아저씨가 화내잖아. 조용히 좀 해." 같은 말로 아이를 혼내는 부모가 있다. 이러한 말로는 아이에게 주의를 준 아저씨가 성격이 삐뚤어진 사람으로밖에 보이지 않는다. 반대로 당황해서 아이 대신 사과하는 부모도 있다. 부모가 감독을 잘하지 못한 점도 있겠지만, 시끄럽게 한 사람은 분명 아이다.

"지금 좀 시끄러웠지? 주위 사람들에게 미안하다고 생각하지 않니?"

이렇게 아이에게 말할 수 있으면 좋다. 아이가 그 사실을 깨닫고 아저씨에게 직접 죄송하다고 말하면 더할 나위 없이 좋겠지만, 깨닫지 못했다면 "아저씨에게 뭐라고 말해야 좋을까?"라고 물어봐도 좋다.

아이가 차분해지면 "전철 안에는 조용히 있고 싶은 사람도 있고, 잠자고 있는 사람도 있잖아. 떠들면 안 된단다."라고 다시 한번 확인을 하자.

많은 엄마가 주위 사람에게 불편을 끼쳐서는 안 된다고 아이에게 자주 말한다. 하지만 살다 보면 누군가에게 폐를 끼치게 마련이다. 전철에 타면 한 사람 분의 공간이 더 좁아지며, 그 좁은 공간에서 숨을 쉬면 이산화탄소를 토해내게 된다. 이처럼 인간은 어떤 의미에서든 서로 폐를 끼치고 있는 셈이다.

자신의 행동이 상대에게 불편을 끼칠 수 있음을 알면서도 거리낌 없이 행동하는 것도 문제지만, '불편만 끼치지 않으면 된다'고 생각하는 것도 문제다. 반에서 다른 아이가 따돌림을 당하고 있어도 모르는 체하는 아이들은 '나는 다른 사람에게 폐를 끼치고 있지 않다'고 생각한다.

살다 보면 반드시 누군가에게 폐를 끼친다. 그러므로 '누군가에게 도움이 되자'고 생각하는 태도가 중요하다. 자신의 힘을 어떤 식으로 발휘해야 남에게 도움이 되는가. 어떻게 하면 주위에 '공헌'을 하는가. 아이들이 항상 이런 생각을 하면서 자랐으면 좋겠다.

12
매번 잔소리해야
일찍 일어나는 아이에게

잔소리하기에 앞서 아이 스스로
일어날 수 있도록 도와주자

아침에 몇 번을 깨워도 잘 일어나지 못하는 아이가 있다.

엄마가 계속해서 큰 소리를 내고 이불을 걷어내며 "빨리 일어나!"라고 재촉해야만 아이는 겨우 일어난다. 결국 아이는 아침도 충분히 먹지 못하고, 기분이 상한 채 지각할까 걱정하며 뛰어나간다. 이런 일이 날마다 이어지면, 많은 엄마가 "내일부터는 절대로 안 깨워줄 거야!"라고 아이를 협박한다.

하지만 그냥 협박으로만 끝나고, 다음 날도 똑같은 일이 반복될 때가 많다. 그러다 보면 아이는 '어차피 엄마가 또 깨워줄 텐데, 뭐.' 하는 생각으로 엄마의 말을 대수롭지 않게 여긴다. 결국 아이 스스로 일어나지 못하면서 날마다 지각을 반복하는 셈이다.

이럴 때는 일단 한 번쯤 실패를 겪어보게 하는 것이 좋다. 아예 깨우지 않는 것이 어렵다면 이렇게 말하는 것은 어떨까?

"내일은 한 번만 깨울 거야."

만약 아이가 엄마의 말을 알아듣고 수월하게 아침에 일어난다면 그보다 기쁜 일은 없다.

"오늘은 아침밥을 제대로 먹었네. 엄마도 안심했단다."

이렇게 말하며 앞으로는 쉽게 일어날 수 있도록 하자.

많은 아이가 아마 잘 일어나지 못할 것이다. 그러다 지각을 하고 선생님에게 야단을 맞게 되면, "엄마, 다음에는 일어날 때까지 깨워줘."라고 부탁한다. 이때 전과 같은 상태로 돌아오면 아무런 의미가 없다.

"몇 번 깨워주었으면 좋겠니?"

"이불을 걷어내도 좋아?"

이런 식으로 아이에게 물어보자.

아이가 두 번 깨워달라고 이야기한다면, 이렇게 말해보자.

"알았어. 엄마도 네 부탁을 들어줄 테니까, 너도 두 번 안에 꼭 일어날 방법을 떠올려보렴."

평소보다 일찍 잔다든지, 알람을 맞춘다든지, 처음 깨웠을 때 침대 옆 커튼을 스스로 걷는다든지, 나름대로 시도를 하게 하는 것이다.

한 번의 실패로 아이가 깨달음을 얻을 수 있도록 선생님에게 협력을 부탁할 수도 있다.

"우리 아이가 아침에 잘 일어나지 못해요. 항상 시간에 쫓기다 보니 아침도 먹지 못합니다. 이번 기회에 혼자 알아서 잘 일어날 수 있게 해주고 싶어요. 그래서 다음에 깨워도 또 일어나지 않으면, 그냥 그대로 내버려 두려고 해요. 만약 그날 지각하게 되면 조금 야단쳐주지 않으시겠어요?"

이런 식으로 실패를 경험하게 하는 것이다.

13
험담을 막는 것보다
훨씬 효과적인 방법

험담하지 않게 막는 것보다
험담을 듣게 하는 편이 마음에 더욱 닿는다

남을 험담하면 안 된다고 아이를 야단치는 엄마가 있다. 물론 그냥 험담하게 두는 것보다는 낫지만, 가능하다면 아이에게 다음과 같이 말해주면 어떨까?

"엄마는 네가 그런 말투를 쓰는 게 별로 좋지 않단다."

"만약 네가 그런 말을 듣는다면 기분이 어떨 것 같니? 조금만 생각해보렴. 기분이 좋을 것 같아?"

신체 특징을 갖고 놀리거나 인격을 짓밟으며 "넌 정말 바보야!"라고 하는 말을 듣게 된다면 누구든지 큰 상처를 입을 것이다.

"네가 당하기 싫은 일은 남에게도 하지 말아야 한다고 생각해."

힘담하지 않는 것이 부모가 그렇게 하지 말라고 주의를 줘서가 아니라, 상대의 처지를 생각해서 스스로 하는 행동임을 아이들에게 일러줘야 한다. 좋은 성적을 올리거나 경쟁에 이기는 것보다도 인간으로서 훨씬 더 중요한 일이다.

힘담을 하는 아이가 무조건 나쁜 것은 아니다. 아이는 원래 잔혹한 데가 있어서 자기를 중심으로 세계가 돌아가고 있다고 생각한다. 그래서 자신만 재미있으면 된다는 생각으로 상대를 놀리기도 한다.

아이는 성장하면서 상대의 처지에서 생각하는 힘을 익히고, 자신과 마찬가지로 다른 사람들도 상처를 입고 슬퍼한다는 것을 깨닫는다. '이런 행동을 하면 마음이 아플까?' '이런 말을 들으면 슬퍼할지도 몰라.' 하고 상상하는 것이다.

상대의 처지에서 생각하기 위해서는 힘담이 좋은지 나쁜지를 가르치는 것만으로는 충분하지 않다. "그건 안 돼!"라고 힘담을 금지하거나 "대단하구나!"라고 힘담하지 않았다는 이유로 칭찬하는 방식보다는 다음과 같은 말처럼 부모의 진심을 전하는 것이 필요하다.

"네가 그런 일을 하면 엄마는 슬프단다."

"그런 행동을 해서 엄마는 기뻤단다."

⑭ 아이가 부모의 돈을
몰래 가져간다면

**벌을 주기보다 용돈 관리법과
부모에게 의논하는 방법을 가르쳐라**

"우리 아이가 자꾸 돈을 훔쳐가요."

새파랗게 질린 얼굴로 상담을 하는 엄마가 있다. 초등학생 정도라면 돈을 훔쳐봤자 엄마 지갑에서 약간의 돈을 가져가는 정도다.

물론 돈을 훔치는 일은 의식적으로 하는 행동이므로 단순한 '실패'로 치부해서는 안 된다. 아무 말도 하지 않고 돈을 가져가는 것은 나쁜 행위다. 하지만 자세히 이야기를 들어보면, 엄마에게도 큰 문제가 있음을 알 수 있다.

그런 말을 하는 엄마들은 대부분 그런 일이 몇 번이나 있었는지, 그리고 아이가 얼마나 되는 돈을 꺼내 갔는지 정확히 알지 못한다. 전혀 눈치채지 못하고 있다가 한참 지난 후에 지갑

안의 돈이 적다는 것을 깨닫는다. 그리고 그런 일이 연거푸 일어나자 이상하게 여긴 엄마가 아이를 추궁하면, 아이가 '고백하는' 경우가 대부분이다.

즉 아이의 손길이 쉽게 가는 곳에 지갑이 놓여 있고, 엄마는 지갑에 돈이 얼마나 들어 있는지 거의 기억하지 못한다. 그래서 아이가 돈을 조금 꺼내 가도 엄마가 전혀 알지 못하는 것이다. 이렇게 되면 아이는 지갑에서 돈을 또 꺼내고 싶어 한다.

아무 말도 하지 않고 돈을 몰래 가져가서는 안 된다고 가르치는 일은 중요하다. 아이가 스스로 돈을 벌고 있지 않기 때문에, 친구에게 뭔가를 사주거나 돈을 빌려주거나 반대로 빌려서도 안 된다고 타이르는 일도 필요하다. 하지만 그와 동시에 엄마도 지갑관리에 더 신경 써야 하지 않을까?

그렇다면 아이는 대체 어떤 목적으로 돈을 꺼내 갔을까?

비싼 물건을 사기 위해서 그렇게 하는 경우는 거의 없다. 대개는 친구에게 과자를 사주거나 모두가 읽고 싶어 하는 잡지를 사서 빌려주고 있다.

아이들 세계에서도 돈을 가지고 있으면 힘을 과시할 수 있다. 그때까지 상대해주지 않았던 친구들도 돈이 있으면 주위에 모여드는 것이다. 이것에 맛을 들인 아이는 항상 돈을 가지고 있으려고 한다. 즉 뇌물로 친구를 얻으려는 것이다.

"돈으로 친구가 되는 것이 아니라, 네 매력으로 친구가 될 수 있는 사람이 반드시 있을 거야. 어떻게 하면 그런 진짜 친구를 찾을 수 있을까?"

아이와 이 점에 대해 함께 생각해보면 좋다.

하지만 돈을 꺼내 간 벌로 "더는 용돈을 안 줄 거야!"라고 말하는 것은 조금 생각해봐야 한다. 친구들에게 뭔가를 사주거나 돈을 빌려주는 행동은 좋지 않지만, 아이에게도 아이 나름의 인간관계가 존재한다. 자유롭게 쓸 수 있는 돈이 전혀 없다면 가엾지 않은가.

오히려 엄마가 준 용돈을 잘 관리하고, 돈이 부족하면 엄마와 의논하는 것이 지갑에서 돈을 꺼내 가는 것보다 좋다는 점을 가르쳐줘야 한다. 이렇게 말하면서 말이다.

"엄마에게 이야기해서 부탁하면 용돈을 줄지도 몰라."

상황에 따라서는 임시로 용돈을 챙겨줄 수도 있고, 매달 용돈을 늘려주는 일도 가능하다. 또는 집안일을 도와주는 대가로 용돈을 주거나 지금은 줄 수 없다고 거절할 수도 있다. 이처럼 아무 말 없이 돈을 몰래 가져가는 것이 아니라, 아이 스스로 돈이 필요하다는 말을 꺼내고 부모와 의논할 수 있도록 지도하는 것이 중요하다.

아이의 성격을 탓하기에
앞서서 해야 할 일

아이는 결점을 지적받는 것보다
구체적인 해결법으로 성장한다

서툰 말주변으로 항상 상대방의 말만 들어주고, 자신이 하고 싶은 말을 제대로 설명하지 못해서 손해를 보는 아이 때문에 고민인 엄마가 있었다.

달리기를 아주 좋아하는 그 아이는 운동회가 열릴 때마다 계주에서 최종주자를 맡곤 했다. 어떤 때는 3명이나 따라잡을 정도였다.

하루는 학교에서 달리기 경주가 있었다. 그런데 그날 집에 돌아온 아이에게 엄마가 "어떻게 됐니?"라고 물어보자, 아이는 "잘 안 됐어요."라고 힘없이 대답했다. "넘어졌니? 아니면 긴장해서 평소 실력이 나오지 않았니?" 하고 엄마가 다시 물어보자, 아이는 이렇게 답한다.

"화장실에 간 사이에 순서를 빼앗겼어요."

그 말을 들은 엄마는 실망했다.

"뭐? 그래서 풀이 죽어서 돌아온 거니?"

그날만 그런 것이 아니었다. 엄마의 말에 따르면, 아이가 말이 서툴러서 늘 손해를 본다고 한다. 상대에게 제대로 확인한다거나 끈질기게 이야기하지 못하고, 문제가 생길 때마다 아무런 행동을 취하지 못해서는 기가 죽어 돌아온다는 것이다. 대체 어떻게 된 것일까?

이럴 때는 실망하지 말고, 오히려 지금이 기회라고 여기고 이렇게 말해보자.

"기죽지 말고, 끈질기게 하는 것이 중요해."

아무리 입으로 말해도 선뜻 나서지 못하는 아이가 자신의 의견을 당당히 이야기하기란 어려울 것이다. 꽤 많은 시간이 필요하겠지만, 실패에서 아이는 배울 수 있다.

거듭 말하지만, 실패란 '노란불'이다. 대처방법에 따라서 빨간불도 되지만 파란불도 된다.

"아쉽게 되었구나. 만약 이다음에도 같은 일이 있거나 시험 보기 전에 화장실에 가고 싶으면 어떻게 해야 하지?" 하고 아이와 함께 생각해보면 어떨까?

화장실에 가기 전에 선생님에게 허락을 받는다거나, 긴장될 때는 미리 화장실에 다녀온다거나, 옆 친구에게 "화장실에 다녀올 테니까 혹시 선생님이 내 이름을 부르면 대신 말해줄래?"라고 부탁할 수도 있다. 만약 순서를 빼앗겼다면, "막 화장실에 다녀왔거든요. 지금이라도 하게 해주세요"라고 부탁하면 된다. 방법은 여러 가지가 있다. 상황에 따라서 어떤 일이 가능한지 구체적으로 생각해보자.

"너는 왜 이리 말주변이 없니?"라고 추상적으로 아이의 결점을 지적하기보다, 실제로 문제점을 느낄 수 있는 말이어야 아이는 비로소 이해할 수 있다. '다음에는 이런 식으로 하면 될 거야.' 하고 아이가 스스로 생각할 수 있다면, 같은 실패를 반복하지 않을뿐더러 아이에게 강한 자신감이 생긴다.

16

무리한 계획을 세운
아이를 다독이는 법

**아이의 계획을 막으려 하지 말고
수정하도록 유도하라**

아이들은 종종 무리한 계획을 세운다. 하루 안에 도저히 불가능한 일과를 짜거나 여름방학에도 터무니없는 스케줄을 세우기도 한다.

"이렇게 많이 계획을 세웠니? 엄마는 조금 줄여도 좋다고 생각하는데."

이런 의견 정도는 말해도 좋겠지만, 아이가 그 계획대로 하고자 한다면 "무리하는 거 아니니?"라며 막기보다 "그럼, 열심히 해보렴."이라고 도전하게 두는 것도 좋다. "하루에 문제집을 10페이지 정도 풀고, 7월 안에 전부 끝낼 거예요."라고 아이가 말했다면, 일주일 정도 상황을 지켜보면 된다.

어쩌면 아이는 절반도 끝내지 못할 수도 있다.

"무리한 것 같구나. 계획을 세울 때는 조금 더 여유를 갖는 편이 낫지 않겠니? 다시 한번 계획을 세워볼까?"

"아직은 조금 힘들지 않겠니? 괜찮겠니?"

이러한 말로 아이를 다독여보자. 이때 아이가 긍정적인 반응을 보인다면 함께 계획을 다시 세워보자.

"이번 계획은 어땠니?"라는 질문을 던지고, "꽤 많이 했어요. 조금 더 할 수 있을 것 같아요."라고 아이가 답한다면, 이번에는 양을 늘려서 다시 계획을 세우면 된다.

학교에서는 자주 목표를 세우고 계획표를 만들라고 지도하지만, 목표와 계획을 세우는 것만으로는 부족하다. 세워놓은 계획을 현실적으로 실행 가능할 때까지 여러 번 수정하면서 아이가 '계획대로 할 수 있다'는 체험을 얻는 것이 중요하다.

아이를 도와주고 싶을 때
마음에 새겨야 할 말

나서서 도와주고 싶은 일이라도
아이가 먼저 스스로 결정하게 하자

8월 말이 되면 아이들은 산더미처럼 남은 방학 숙제 때문에 소동을 피우곤 한다.

"엄마, 숙제 어떻게 해?"

그럴 때는 "그러니까 내가 빨리 하라고 했잖아!"라고 야단치거나 "네가 잘못했으니까 엄마는 몰라!"라고 내버려 두어서는 안 된다.

아이가 "큰일났다!"며 도와달라고 호소를 하고 있으니, 도와주는 것이 좋다. 단, "엄마는 이걸 해줄 테니까, 너는 문제집을 얼른 풀어라."라는 식으로 돕는 것은 좋지 않다. 그러면 아이는 실패에서 아무것도 배우지 못한다.

아이 스스로 자신의 실패를 인정하게 한 다음, "어떻게 할 거야?"라고 아이에게 물어보자. "엄마. 부탁이니까 도와주세요!"라고 아이가 부탁한다면 그제야 "엄마가 뭘 해주면 좋겠니?"라고 확인을 구한다. 그리고 가능한 범위에서 협력해주면 된다.

아이 대신 과제를 해주는 것만이 '협력'이라고는 할 수 없다. 문제집의 해답을 알려주거나 평소보다 늦게 자도 된다고 허락해준다든지, 미술숙제 중에 어려운 부분을 조금 도와주거나 아이디어를 같이 생각해주는 등 여러 가지 협력이 존재할 것이다. 때에 따라서는 "부탁이에요!"라고 애원하는 아이 대신에 엄마가 과제를 완성해줄 수도 있다. 그리고 아이에게 이렇게 말해두자.

"이번에는 도와주지만, 원래 네가 전부 다 해야 하는 일이야. 다음에도 이런 일이 생기면 안 되니까, 어떻게 하면 엄마의 도움 없이 네 힘으로 할 수 있을지 잘 생각해두렴."

그러나 무슨 일이 있어도 과제를 다 끝내게 하는 것만이 해결방법은 아니다. 숙제를 다 끝내지 못했다고 선생님에게 솔직하게 말해서 아이가 한번 야단을 맞게 두는 방법도 있고, 선생님에게 숙제 기한을 연장해달라고 부탁하는 일도 가능할 것이다. 어느 쪽이든 아이 스스로 결정하는 일이 중요하다.

아이의 회복력을 키워주는 올바른 대화 습관

1. 여러 선택지를 두고 아이 스스로 고르게 하는 것이 중요하다.
2. 실수했다고 야단만 치면 아이가 자신을 바꿀 기회를 놓치고 만다.
3. 부모의 잔소리에 어쩔 수 없이 행동하는 것보다 아이 스스로 대책을 세우는 편이 성과가 훨씬 더 크다.
4. 아이가 부모를 도와준 일에 결과만 요구한다면, 아이는 점점 부모를 도와주고 싶지 않을 것이다.
5. 사과하는 것도 중요하지만, 그것으로만 끝난다면 아이는 약속의 중요성을 깨닫지 못한다.
6. 자신의 행동이 불편을 끼칠 수 있음을 알면서도 행동하는 것도 문제지만, '불편만 끼치지 않으면 된다'고 생각하는 것도 문제다.
7. 험담하지 않는 것이 상대의 처지를 생각해서 스스로 하는 행동임을 아이들에게 일러줘야 한다.
8. 계획표를 실행 가능할 때까지 수정하면서 아이가 '계획대로 할 수 있다'는 체험을 얻는 것이 중요하다.

열심히 했다고 칭찬을 받으면, 아이는 '아, 이것이 열심히 한다는 것이구나.' '열심히 하면 엄마도 인정해주는구나.' 하고 깨닫는다. 그래서 좀 더 열심히 하려고 행동한다. "더 열심히 해라."라는 말을 들으면, 아이는 '지금까지 나는 열심히 하지 못한 거구나.' 하고 느끼면서 시간이 아무리 지나도 열심히 한다는 것의 의미를 깨닫지 못한다.

3장

성취감과 자신감을
불러일으키는
말의 마법

①
아이의 성과가 나쁠수록
부모가 보여야 할 태도

**아이가 열심히 한 노력을
인정하고 칭찬해주자**

공부를 전혀 하지 않았을 때 나쁜 점수를 받는 것은 당연하다. 하지만 전보다 열심히 했는데도, 그다지 좋은 결과를 얻지 못하는 경우도 있다.

평소 시험에서 40점을 받다가 이번에 60점을 받았다면, "20점이나 올랐구나." 하고 칭찬할 수 있다. 반면, 40점에서 45점으로 점수가 소폭 오른 정도로는 공부한 덕분인지 단순한 운인지 알기 어렵다. 이럴 때 아이는 '모처럼 열심히 했는데.' 하고 실망하게 마련이다.

그러나 이럴 때야말로 앞서 이야기한 '실패'를 자녀교육에 활용해볼 기회다.

부모는 자기도 모르게 실망하는 아이에게 "하루에 30분 정도는 부족해. 앞으로는 1시간 공부해라." "억울하면 좀 더 열심히 하면 되잖니."라고 말해버리기 쉽다. 부모의 이러한 태도는 지금까지 나름대로 노력했던 아이의 성과를 인정하지 않는 것이다. 또한 아이는 '이 정도로는 열심히 한 것이 아니구나.' 하고 자신의 성과를 부정하게 된다.

하지만 결과가 예상과 달리 안 좋게 나왔을 때일수록 부모가 아이의 노력을 인정해주는 일이 중요하다. 열심히 했다고 칭찬을 받으면, 아이는 '아, 이것이 열심히 한다는 것이구나.' '열심히 하면 엄마도 인정해주는구나.' 하고 깨닫는다. 그래서 좀 더 열심히 하려고 행동한다. "더 열심히 해라."라는 말을 들으면, 아이는 '지금까지 나는 열심히 하지 못한 거구나.' 하고 느끼면서 시간이 아무리 지나도 열심히 한다는 것의 의미를 깨닫지 못한다.

그러나 실망하고 있는 아이에게 느닷없이 성과를 인정해줘도 아이는 별로 감흥을 얻지 못한다. 따라서 일단 아이의 실망한 마음을 받아주는 일이 필요하다.

"많이 억울했지?"

"네가 기대한 만큼 결과가 나오지 못해서 참 아쉽게 되었구나."

"열심히 했는데, 별로 점수가 오르지 않아서 실망했지?"

이런 식으로 나름대로 아이의 심경을 헤아려줘야 한다.

아이가 부모의 마음을 받아들이면 풀이 죽어 있는 자신의 모습을 이상하게 여기지 않는다. 그리고 중요한 사실을 깨닫는다.

'아, 내 마음을 표현해도 되는구나.'

"모처럼 열심히 했는데… 조금 더 점수가 오를 거라고 생각했는데."

이런 식으로 자신의 감정을 말로 표현하다 보면 기분이 나아지는 법이다.

아이가 억울함을 느끼는 것은 오히려 좋은 현상이다. 자포자기의 심정으로 있을 때는 결과가 나쁘다고 해서 억울해하지 않는다. 자기 나름대로 열심히 했기 때문에 결과가 나쁠 때는 매우 억울한 기분이 드는 것이다.

억울해하는 아이에게 이렇게 말해보면 어떨까?

"아직 결과는 나오지 않았지만, 네가 열심히 했다는 걸 엄마는 아주 잘 알고 있단다."

부모가 앞으로 어떻게 대처하느냐에 따라 아이는 나아질 수 있다.

"이다음에 몇 점 따고 싶니?"라고 물어보자.

아이이기에 어쩌면 "100점!"이라고 말할 수 있다. 그러면 아이에게 다음과 같이 말해주자.

"금방 100점을 따기는 어려울 수 있지만, 앞으로도 이렇게 열심히 하면 언젠가 100점을 딸 수 있을지도 몰라. 어떻게 하면 100점을 딸 수 있을까?"

공부시간을 30분에서 1시간으로 늘린다든지, 날마다 예습을 한다든지, 학원에 간다든지, 문제집을 푼다든지, 아이 스스로 방법을 궁리하도록 유도하자. 부모가 조금 힌트를 줘도 좋다. 그다음 그중에서 실행할 수 있을 만한 것을 정하면 된다.

2
아이가 꾀병을
부린다면

아이의 꾀병은 작은 실패를
큰 실패로 숨기는 행위다

아침에 늦게까지 자다가 지각할 것 같으면 "학교를 쉬고 싶어요."라고 말하는 아이가 늘어났다고 한다. 지각해서 교실에 들어가면 "아, 쟤가 지각했네." "왜 늦었니?" 하고 소란이 일어나기에 학교에 가고 싶지 않다는 것이다.

하루 학교를 쉬면 그다음 날은 더욱 가기가 힘들어진다. 그래서 다음 날은 더욱 갈 수 없게 된다. 처음에는 사소한 꾀병이었던 것이 결국은 '등교거부'로 발전하는 경우도 있을 정도다.

만약 "엄마. 배가 아프다고 선생님에게 전화해서 학교를 쉰다고 말해주세요."라고 아이가 부탁한다면 어떻게 대처해야 할까?

"거짓말은 안 돼. 엄마가 데려다줄 테니까 빨리 준비하렴."

이렇게 말하는 것이 맞겠지만, 아이의 마음을 헤아릴 줄 알아야 한다. 분명히 거짓말은 좋지 않다. 하지만 이때는 누군가를 곤경에 빠뜨리기 위한 거짓말이 아니라, 자신을 지키려고 꾸며낸 거짓말이다.

어른도 꾀를 부려서 회사를 쉬려고 할 때, 친척 결혼식이 있다고 거짓말을 하는 경우가 있지 않은가. 게다가 학교에 갈지 안 갈지를 결정하는 것은 어디까지나 아이 자신이다.

"지각 정도는 아무것도 아니잖아."

이런 말도 별로 추천하지는 않겠다. 지각은 규칙위반이므로, 그것을 아무것도 아니라고 아이에게 가르치는 것 또한 좋지 않다.

"지각은 분명히 보기 안 좋을지 몰라. 하지만 엄마는 지각해도 학교에 갔으면 좋겠어."라고 말하면 어떨까? 지각하기 싫어서 학교를 쉰다는 것은, 작은 실패를 큰 실패로 숨기는 행위다. 긍정적인 수단이라고 볼 수 없다. 이러한 엄마의 마음을 아이에게 전하는 것이 중요하다.

그래도 아이가 가고 싶지 않다고 말한다면 선생님에게 뭐라고 설명해야 할까?

"우리 아이가 배가 아파서 오늘 하루 쉴까 합니다."라고 말한다면 엄마도 거짓말에 가담하는 셈이 된다.

그럴 때는 "엄마가 선생님과 통화하면 잘못 말할 수도 있으니까, 전화를 걸어줄 테니 설명은 네가 하렴."이라고 말해보자. 그래서 선생님이 전화를 받으면 "우리 아이가 학교를 쉬는 이유를 말한다고 합니다."라고 말한 후 아이에게 전화를 바꾸는 것이다.

선생님이 아이의 말을 이상하다고 생각하면서 이런저런 이유를 물을 수도 있다. 그 결과, 아이의 말이 앞뒤가 맞지 않다는 것을 알고 아이에게 "정말로 배가 아프니? 변명하지 말고 빨리 학교에 오거라."라고 말할 것이다. 그러나 선생님이 그렇게 말해도 결정하는 것은 당사자다. 만약 "엄마를 바꿔주렴."이라고 선생님이 말하면 전화기를 건네받고 이렇게 이야기하자.

"제가 볼 때는 평소와 비슷한 상태인 것 같은데요. 일단 아이 말대로 오늘 하루 쉬어볼까 해요."

어디까지나 아이 자신에게 책임감을 갖게 하는 것이다.

결국 학교를 쉬기로 했다고 하자. 나중에 "어떠니? 거짓말을 하면 심장이 두근두근해서 별로 기분이 좋지 않지?"라고 물어보는 것도 좋다. "괜찮니? 선생님이 나중에 문병 오실지도 모르는데, 거짓말하니까 걱정거리도 생겼지?"라고 말하는 방법도 있다.

거짓말은 안 된다고 타일러서 학교에 무리하게 보내는 것보다는 거짓말을 하고 난 후의 기분을 겪어보게 하는 것도 좋은 방법일 수 있다. 스스로 거짓말의 책임을 질 때,

'역시 거짓말을 하면 기분이 좋지 않다'는 것을 처음으로 느끼게 될 것이다.

또한 아이가 이 소동의 책임을 지도록 하는 일도 필요하다. 엄마에게 사과하는 것보다 아이가 어떻게 하면 내일은 지각하지 않을지 대책을 세우는 것이 중요하다. 그러기 위해서는 아이가 오늘을 어떻게 보낼지 스스로 생각해볼 수 있도록 지도해야 한다.

3
곤란한 일을
남 탓으로 돌리는 아이

**남 탓이 습관으로 이어지면
불평만 하는 어른으로 성장한다**

기대한 대로 일이 잘 안 풀렸다고 해서 잘못을 남 탓으로 돌리거나 반대로 자책해서는 안 된다. 그럴 때는 다양한 타개책을 생각하면서 다시 새롭게 도전해야 한다. 이것은 살아가는 데 있어서 큰 도움이 되는 자질이다.

학급 간부를 맡은 한 아이가 어떤 문제로 곤란한 적이 있었다. 학교에서 1년마다 열리는 가을 전시회에 대비해서 반에서 작품을 만들어야 했는데, 반 아이들 모두 참가하려는 의욕이 없었던 것이다.

사정을 자세히 들어 보니, 수업시간에만 하기에는 진행속도가 너무 느려서 그 아이가 반 아이들에게 방과 후에 남아서 하자고 호소했다고 한다. 그런데 반 아이들 중에는 학원을 다니거나 합창단 연습을 하는 등 사정이 있는 아이들도 있어서 충분한 인원이 모이지 못했다고 한다. 더구나 방과 후에 남더라도 서로 장난만 치면서 도움을 주지 못하는 아이들이 많았다.

"선생님이 모두 방과 후에 남으라고 말해주셨으면 좋겠는데, 그냥 할 수 있는 사람만 하면 된다고 말씀하세요. 반 전체의 작품인데, 이게기 안 돼요!"

"이렇게 해서는 완성하지 못해요. 옆 반은 벌써 거의 다 만든 것 같은데 늘 우리 반만 이래요. 어떻게 하면 좋을까요? 제 제안이 별로인가요?"

이렇게 아이가 억울함을 호소했을 때, 부모가 다음과 같은 말로 화를 냈다면 어떨까?

"네가 나쁜 게 아니야. 선생님이 모두 협력하라고 제대로 말했어야지. 게다가 다른 아이들도 반 작품인데 도와주지 않는 게 나쁜 거야."

부모가 이렇게 말한다면, 아이에게 일이 잘 풀리지 않았을 때는 전부 남 탓이라고 가르치는 셈이다. 무슨 일이 있으면 사회가 나쁘다든지 정치가 나쁘다든지 불만만 늘어놓고 스스로 노력하지 않는 인간으로 키우려는 것이나 마찬가지다.

이와 반대로, 아이에게 다음과 같이 말한다면 어떤 일이 벌어질까?

"네가 지나치게 흥분해서 다른 아이들이 따라오지 못하는 건 아닐까? 이상하게도 사람들은 강요를 당하면, 오히려 의욕을 잃게 마련이거든. 선생님과 친구들에게 다시 말을 잘해보면 어떨까?"

이러한 태도는 아이에게 일이 잘 되지 않는 것을 전부 아이 탓으로 돌리는 셈이다.

잘못을 따지기보다 아이가 앞으로 어떻게 하고 싶은지 이야기를 들어봐야 한다. "너는 어떻게 했으면 좋겠니?"라고 일단 아이에게 물어보면 어떨까?

아이는 훌륭한 작품이 완성되기를 바라거나, 아니면 반 아이들이 함께 돕는 것을 더 소중히 생각하고 있을지도 모른다. 그렇다면 아이가 자기 생각을 실현할 수 있도록 어떻게 지도해야 할까?

각자 집에서 조금씩 작품을 만들어올 수 없는지, 협력을 잘하는 아이들과 모여서 이야기를 나누면 어떤지, 작품을 조금 간단하게 만들면 어떤지, 학급회의에서 의논해보면 어떤지 또는 친구를 한 명씩 설득해보거나 여러 명이서 담임선생님과 다시 이야기해보면 어떤지…. 아무튼 다양한 방법을 생각해볼 수 있을 것이다.

만약 아이가 정체 상태에 빠져 있다면, 부모가 힌트를 줘도 좋다. 이때도 주의해야 할 사항이 있다. 아이가 스스로 생각하게 두지 않고 부모가 일방적으로 방향을 정해주거나, 일이 잘 풀렸을 때 '다 엄마 아빠가 시키는 대로 한 덕분'이라는 태도를 보인다면 결코 아이에게 힘이 되지 못한다. 오히려 나중에 일이 잘 풀리지 않았을 때, "엄마 아빠가 시키는 대로 한 건데."라고 부모를 탓할 수 있다.

인생은 스스로 정해가는 것이다. 이러한 점을 명심하고, 기회가 있을 때마다 아이에게 누군가의 조언을 받았다고 해도 결국 자신의 판단이 중요하다는 점을 일러주자.

4
주눅 든 아이에게 자신감을 실어줄 부모의 한마디

'칭찬'이 아닌 '인정'이
아이를 자라게 한다

담임선생님에게 주의를 받은 한 아이가 풀이 죽어 있다. 부모가 아이에게 어떤 말을 들었는지 물어보자, 아이는 "선생님이 저 보고 동작이 둔하대요. 절 싫어하시나 봐요."라고 말했다.

이때 "선생님이 그런 말을 하다니, 정말 심하네!"라고 아이 앞에서 선생님을 헐뜯는 행동은 아이에게 전혀 도움이 되지 않는다. 아이는 부모의 생각에서 큰 영향을 받으므로, 부모의 그런 행동은 선생님을 존경할 수 없게 만든다. 나중에는 선생님도 아이의 마음을 느끼고 아이와의 관계가 더욱 불편해지고 만다.

그런 일이 있을 때는 아이에게 "선생님께선 그렇게 생각하셨구나. 하지만 엄마는 네가 동작이 느리다고 생각하지 않아."라는 식으로 말해주면 된다. 실제로 아이가 무슨 일을 할 때마다 동작이 느리거나 시간이 오래 걸릴지도 모른다. 그렇다고 해서 '느린 아이'라고 단정 지을 수는 없다.

아이의 인격과 행동은 별개다. 이것이 아들러 심리학의 기본이다. 제멋대로 행동할 수 있지만, '제멋대로인 아이'는 없다. 나쁜 행동은 있어도 '나쁜 아이'는 없는 것이다.

사람에 따라서 사고방식과 대화방식이 다르다. 그러므로 상대가 잘못했다고 탓하지 말고, "선생님은 그렇게 생각하신 모양이구나. 하지만 엄마는 다르게 생각해."라고 말하는 것으로 충분하다. 그리고 아이에게 "선생님이 어떤 식으로 말해주셨으면 좋겠니?"라고 물어보자. 이때 아이가 "둔하다는 말은 하지 않았으면 좋겠어요."라고 말한다면, 그 마음을 선생님에게 어떻게 전할지 함께 생각해보자.

수업이 시작되었는데도 교과서를 다 꺼내지 못해서 선생님에게 주의를 받았다면, 쉬는 시간에 미리 준비하는 방법이 있다. 체육복으로 갈아입을 때도 너무 느려서 다른 친구들이 기다려야 했다면, 집에서 옷을 빨리 갈아입는 연습을 해보는 것도 좋다.

아이가 선생님에게 "앞으로 이런 식으로 열심히 할 테니까 지켜봐주세요."라고 말할 수 있도록, 엄마가 선생님 역할을 맡아서 연습을 시키면 좋다. 이럴 때는 그냥 말로만 "선생님에게 말하면 되잖아."라고 대응해서는 안 된다. 겉보기에는 쉬운 듯하지만 아이는 행동으로 옮기기 어려워한다.

만약 아이가 앞으로 어떻게 해야 할지, 또 선생님에게 왜 그런 말을 들었는지 이해하지 못한다면, "그럼, 엄마가 선생님에게 물어볼까?"라고 도움을 주면 좋을 것이다. 아이가 선뜻 선생님에게 물어봐달라고 하면, "우리 아이가 자신의 단점을 고치고 싶어 합니다. 선생님, 아이가 어떤 점이 그렇게 느린지 자세히 말씀해주세요."라고 선생님과 이야기해보자.

"미술 시간이 끝나도 도구를 잘 치우지 않습니다."라고 선생님이 대답했다면, "그럼 좀 더 빨리 치우게 하면 되죠. 선생님께선 우리 아이의 행동이 전부 둔한 것이 아니라, 조금 더 빨리 치우면 좋겠다고 말씀하신 거였군요."라고 웃으며 대화를 끝내는 것이 좋다.

최근에는 아이를 칭찬하면서 키우는 것이 좋다고 생각해서, 어릴 때부터 아이에게 "착한 아이구나." "○○를 잘 하는구나."라는 말을 남발하는 부모가 많다. 분명 아이는 칭찬을 들으면 기쁘므로, "착한 아이구나."라는 말을 많이 듣고 싶어서 부모의 말을 잘 들을 것이다.

'칭찬을 들으며 자란 아이'는 타인의 평가를 신경 쓰며 칭찬을 받고 싶어서 필사적으로 열심히 한다. 그래서 칭찬을 듣지 못하면 불만을 느낀다. 또 비판을 받으면 큰 상처를 입기도 한다. 이 세상에는 상냥한 말만 있는 것이 아니다. 오히려 사회에 나오면 강한 말에 노출되기 때문에, 칭찬받기를 기대하다가는 마음의 상처를 쉽게 받고 만다.

한편 '인정을 받으며 자란 아이'는 스스로에 자신감을 느끼고, 다른 사람의 평가에 흔들리지 않는다. 비판을 받는다 해도 '저 사람은 그렇게 생각하는구나.' 하고 거리를 두면서 비판을 받아들이는 일이 가능하다.

그렇다면 '칭찬'과 '인정'의 차이는 무엇일까?

칭찬은 부모가 자식을 위에서 내려다보며 무조건 그렇다고 단정 짓는 일이다. "착한 아이구나."라는 말은 "둔한 아이구나."와 마찬가지로, 아이에게 딱지를 붙이는 셈이다. 그러므로 착한 아이가 나쁜 일을 하면, 곧바로 '나쁜 아이'가 되고 만다.

인정은 좋고 나쁨을 떠나 아이의 인격이 아닌, 행동이나 감정 등을 있는 그대로 받아들이는 것이다. "정말 열심히 했구나." "도와줘서 큰 도움이 되었단다."라는 방식으로, 실패한 일도 낙담한 일도 인정해줘야 한다.

5
친구와 사이가 틀어진 아이에게
해줄 수 있는 말

섣불리 나서지 말고 아이의 진심을
들어보는 계기로 삼자

초등학교 고학년이 되면 친구 관계도 꽤 복잡해진다. 간혹 사이좋게 지내던 친구가 뒤에서 자신을 험담하는 일이 생기기도 한다. 그러면 아이는 배신당한 기분으로 상처를 입는다.

이때 "심하네. 그런 친구랑은 놀지 마라."라는 식으로 부모가 먼저 친구의 행동을 단정 지어서는 안 된다.

일단 "상처 받았니?"와 같은 말로 자녀의 기분을 받아줘야 한다. 그다음 "네가 친구에게 그런 식으로 험담하고 있었다면 엄마는 아주 슬플 뻔했어. 하지만 험담을 한 쪽이 아니라 듣는 쪽이어서 오히려 다행이다." 이렇게 말해주면 어떨까? 그리고 그 친구와 앞으로 어떻게 지내고 싶은지 아이에게 물어보자.

만약 앞으로도 친구로 지내고 싶다면 어떻게 해야 할까? 험담을 들어도 참으면서 계속 친구로 지내는 방법도 있다. 아이가 이러한 방법을 원하지 않는다면 다음과 같이 친구에게 자신의 진심을 전하도록 유도할 수도 있다.

"네가 나를 건방지다고 해서 슬펐어. 앞으로도 난 너랑 친구로 지내고 싶어. 그래서 그러는데 나의 어떤 점이 건방지다고 생각했니? 혹시 네가 싫어하는 일을 내가 했니?"

이렇게 마음을 전하기 위해서는 용기가 필요하다. 엄마가 그 친구 역할이 되어서 연습해보는 것도 좋다. 마음을 털어놓는 일이 계기가 되어, 오히려 더 사이좋게 지낼 수 있을지도 모른다. 반대로 그 아이와 거리를 두는 방법도 있다. 모든 사람과 꼭 사이좋게 지내야 할 필요도 없을뿐더러, 모든 사람에게 사랑을 받는 일도 불가능하다.

아들러 심리학에 자주 인용되는 '2대 1대 7의 법칙'이 있다. 이 세상에는 자신이 특별히 노력하지 않아도 10명 중에서 2명 정도는 친해질 수 있다. 그리고 아무리 노력해도 1명 정도는 도저히 맞지 않는다고 한다. 나머지 7명은 자신의 태도에 따라서 관계가 변한다. 즉 아무리 좋은 사람이라도 모두 그 사람을 좋아할 수 없다. 세상에는 여러 사람이 있으므로 싫은 상대와 무리하게 사귀지 않아도 된다. 대개 사람들은 아무리 성격이 맞지 않아도 서로 험담을 하거나 괴롭히지는 않는다. "너와는 이젠 절교야."라는 선언도 하지 않는다. 그냥 가까이하지 않고, 함께 있고 싶은 친구와 있으면 될 뿐이다.

부모가 '저런 아이와 사귀면 우리 아이에게 도움이 되지 않는다'고 생각해서, "○○와 다시는 놀지 말아라."라고 말하며 친구를 대신 골라주는 일이 있는데, 이러면 곤란하다. 누구와 친구가 될지는 아이가 선택할 일이다. 게다가 '나쁜 친구'란 없다. 자녀가 자신을 신뢰하고 있다면, 어떤 친구를 사귀더라도 그 속에서 배우며 성장해가는 법이다.

가끔 아이들은 '저 애가 나를 괴롭혀서 어울리기 싫다'는 생각으로 부모에게 "그 애는 이런 일을 해서 싫어요."라고 호소한다. 그럴 때도 "그럼 그 아이와 그만 놀아라."라고 부모가 대신 결정을 내려서는 안 된다. 어디까지나 아이가 어떻게 대처할지 스스로 결정하게 하자.

다툼의 좋고 나쁨을
정하기에 앞서

다툼은 사고방식의 차이에서
비롯된다는 점을 가르쳐라

만약 아이가 친구의 사소한 말에 끙끙거리며 걱정한다면 무슨 말을 해주겠는가?

아이의 이야기를 듣고 있으면, 자기도 모르게 "그건 네가 나빠."라고 비판하거나, 반대로 "그 아이는 심한 말을 하는구나."라고 동조하고픈 마음도 생긴다.

한 여자아이가 학급 간부가 되었다. 그 여자아이는 간부로서 열심히 활동하려고 애썼다. 수업 전에 떠드는 아이들이 있으면 "좀 조용히 해줘!"라고 주의도 주고, 학급회의도 열심히 진행했다. 그런데 하루는 학급회의 시간에 한 남자아이가 그 여자아이에게 "착한 척하고 있네."라는 말을 툭 하고 던졌다.

그런 일이 자꾸 생기자, 요즘 그 여자아이는 학교에서 돌아오면 늘 풀이 죽은 목소리로 이렇게 말했다.

"○○가 오늘도 이런 말을 했어요."

백인백색이라는 말처럼 사람들은 정말 다양한 사고방식을 가지고 있다. 그리고 이는 아이들에게도 해당한다.

만약에 엄마가 ○○라는 아이의 사고에 찬성하지 않는다면, 이렇게 말해주면 어떨까?

"○○는 그런 식으로 생각하는구나. 하지만 엄마는 조금 다르게 생각해. 네가 착한 척한다고는 생각하지 않아. 네가 반 전체를 위해서 열심히 하는 건 좋은 일인 것 같아."

그 아이의 생각이 좋은지 나쁜지가 아니라, 엄마는 다른 생각이라고 말해주면 좋다. 사고방식이 다르다고 해서 다 틀린 것은 아니기 때문이다. "네 나름대로 다른 생각을 하고 있어도 좋다고 생각해."라고 가르쳐주면 좋다.

비판에 지지 않는다는 것은 상대와 언쟁을 해서 이기는 일이 아니다. 비판을 받았다고 해서 풀이 죽는 것이 아니라, '저 사람은 그렇게 생각하는구나.' 하고 아이가 냉정하게 받아들일 수 있어야 한다. 그리고 아이와 함께 각자의 사고방식을 인정하고 서로가 만족할 해결방법을 찾아보자.

충격을 받은 아이에게 해서는 안 될 말

**어설프게 말을 건네지 말고
먼저 아이의 마음을 헤아려주자**

한 초등학교 교실에서 달팽이를 키우고 있었다. 그런데 아이들이 학교에 오지 않는 여름방학에는 어느 한 명이 이 달팽이를 가지고 돌아가서 돌봐줘야 했는데, 아무도 희망하는 사람이 없었다. 이때 평소에 소극적이던 한 아이가 손을 들었다.

그 아이는 매일 달팽이를 정성스럽게 보살폈다. 그런데 8월 중순의 어느 날, 뜻밖에 달팽이가 죽고 말았다.

"어쩌지, 달팽이가 죽었어!" 아이의 얼굴이 파랗게 질렸다.

아이는 달팽이가 죽어서 슬픈 감정이 드는 동시에, 반 친구 모두에게 미안한 마음도 든다.

이때 부모가 "달팽이가 죽은 걸 어쩔 수 없잖니."라고 말해서는 곤란하다. 그렇다면 어떻게 말해주는 것이 좋을까?

일단 아이의 마음을 그대로 받아주자. 이러쿵저러쿵 말하지 않아도 좋다.

"이런, 달팽이가 죽고 말았구나."

"그렇게 열심히 네가 돌봐주었는데…."

이렇게 말하며 함께 슬퍼해주는 것으로도 충분하다.

엄마도 내 기분을 알아준다고 느낀다면, 아이는 자기 생각을 말로 표현할 것이다.

"왜 달팽이가 죽고 만 걸까요?"

엄마도 분명 그 이유를 잘 모를 것이다.

"가끔은 말이다. 열심히 돌봐줘도 죽기도 한단다."

"동물도 오래 사는 게 아니구나."

이번 기회에 생명의 소중함과 신비함에 관해 이야기를 나눠도 좋다. 무덤을 만들어 묻어준다면, 아이의 마음도 한결 가벼워질 것이다.

"엄마, 학교에 가서 애들에게 뭐라고 말하면 좋죠? 죽게 해서 미안하다고 사과해야 하나요?"

사고방식 나름이지만, 열심히 달팽이를 돌봤고 일부러 죽게 만든 것도 아니므로 굳이 사과할 필요는 없다고 생각한다. 오히려 스스로 나서서 달팽이를 돌봤던 일을 자랑스럽게 여겨도 좋을 것이다.

그러므로 다음처럼 사실대로 말하면 어떨까?

"달팽이를 열심히 돌보고 있었는데 8월에 죽고 말았어요. 정말 슬펐어요. 우리 집에 무덤을 만들어주었습니다."

물론 어떻게 할지는 아이가 결정할 일이다. 아이가 "모두 귀여워했는데, 죽게 해서 미안해."라고 아이들에게 말하고 싶어 한다면, 부모도 굳이 사과할 필요는 없다고 나서지 않아도 된다. 오히려 "엄마는 네가 열심히 돌보았고 또 마지막에 무덤도 만들어줘서 대견했어."라고 말해주면 아이는 힘을 얻을 것이다.

아이가 이야기할 자신이 없다고 하면, "반 친구 모두에게 말한다는 생각으로 엄마 앞에서 연습해볼래?"라고 연습 상대가 되어줘도 좋다.

충격적인 일이 일어났을 때, 아이는 이런 식으로 문제를 어떻게 마주해야 할지 배운다. 이때 부모가 옆에서 힘이 되어준다면 어떤 체험이든 아이에게 크게 성장할 기회가 된다. 아이가 학교에 가서 이야기를 잘했다면 "정말 잘했구나." 하고 아이를 칭찬해주자.

8

아이를 다시 일으켜 세울
칭찬이라는 마법

**작은 용기에도 칭찬을 받은
아이는 다시 도전한다**

아이가 학예회의 연극에서 주인공에 도전했다가 떨어져서 그냥 서 있기만 하는 '나무' 역할을 맡았다고 해보자. 크게 실망한 아이에게 어떤 말을 해주면 좋을까?

일단 "주인공이 되고 싶었구나." "용기를 내서 주인공에 도전했구나." 하고 아이의 용기를 인정해주자. 그리고 아쉬워하는 아이의 마음도 받아들이자.

연극은 주인공 혼자만으로 완성되지 않는다. 아무리 훌륭한 배우라도 혼자 힘으로 무대를 만들고, 또 영화를 찍을 수는 없다. 연극도 영화도 전부 조연과 스태프들이 존재하기 때문에 가능한 작업이다.

무대 위에 오르는 사람이 있으면 그것을 지탱하는 사람도 있는 법이다. 그것이 인생이다. 어느 쪽이 더 훌륭한 것도 아니고, 양쪽 모두 다 중요한 역할이다. 때로는 각광을 받는 사람과 뒤에서 지탱하는 사람이 뒤바뀌는 일도 있다. 이러한 점을 아이에게 일러주자.

"이번에는 주인공을 돕는 역할이구나. 그것도 중요한 역할이란다. 다음에는 네가 다른 사람의 도움을 받는 순서가 올지 몰라."

반대로 항상 남을 배려하면서 조연만 하려 드는 아이도 있다. 엄마 입장에서는 "때로는 화려한 역할도 하면 좋을 텐데." "다른 아이들만 좋은 역할을 하고 우리 아이만 이게 뭐지…." 하고 허전한 마음이 들 수 있다. 그렇다고 "넌 그렇게 양보만 하니까 안 되는 거야. 때로는 더 좋은 역할도 하면 좋을 텐데, 왜 안 하니?"라고 말해버린다면, 그것은 아이를 부정하는 일이 된다.

그러면 아이는 자신감을 잃고 앞에 나서지 못할 것이다. 아이의 장점을 인정해주자. 인정받은 아이는 '앞으로 좀 더 열심히 하자.' 하고 생각할 수 있다.

아이가 적극적으로 행동하기를 바란다면, 아주 사소한 일이라도 아이의 용기를 인정해야 한다. 참관수업에서 손을 들었다든지 또는 학예회에서 목소리가 모깃소리만큼 작았어도 "마지막까지 제대로 대사를 말했구나." "당당히 서 있어서 엄마는 기뻤단다."라는 식으로 좋았던 점을 평

114

가해주는 것이다. 다음 기회에 "이번에는 용기를 내서 주인공에 도전해보면 어때?"라고 말하면 아이는 더 큰 용기를 낼 수 있지 않을까?

9
실수를 하고 만 아이를
다독이는 방법

신경 쓰지 말라는 말보다
괜찮다고 다독여주자

학교를 대표해서, 아이의 학년이 마을 연주회에 나갔다. 그런데 중요한 부분에서 아이가 틀리고 말았다. 연주회장에서 듣고 있던 엄마는 그다지 큰일이 아니라고 생각해도, 아이에게는 큰 충격이었을 것이다. 아이는 "분명 내가 틀린 탓에 입상하지 못했던 거야."라며 크게 낙담했다.

이때 "어제 악보를 충분히 봐두라고 말했잖아."라고 상처를 부추기는 말뿐만 아니라, 아이를 격려할 작정으로 다음과 같은 말을 해서도 안 된다.

"그런 건 실패 축에도 못 껴."

"누구라도 실수할 수 있어. 신경 쓸 필요 없어."

아주 작은 것이라 해도 실패는 실패다. 누구나 한다고 해서 실패가 없었던 일이 되지 않는다. 신경 쓰지 말라고 해도 신경이 쓰이기 마련이다. 이럴 때는 일단 아이의 실패와 실망스러워하는 마음을 인정하는 것이 중요하다.

"네 탓이라고 생각하고 있구나."

"틀려서 충격을 받았구나."

그다음에 엄마의 마음을 이야기해주면 어떨까?

"그래도 도중에 무대에서 내려가지도 않고, 끝까지 연주해서 훌륭했어."

"엄마는 좋은 연주였다고 생각하는데. 마지막 부분에선 감동했단다."

"너 때문에 입상하지 못했다고 생각하지 않아. 다들 열심히 했고, 상을 결정하는 사람도 매우 고민했을 거야."

때를 봐서 "다음에 연주할 때는 어떻게 하면 틀리지 않을까?"라고 물어보자.

악보를 보지 않아도 연주할 수 있도록 암기하거나, 다른 사람의 연주 소리를 잘 듣거나 전날 집에서 복습한다든가, 무대에 오를 때 긴장되면 심호흡을 하는 등 부모와 같이 생각하다 보면 여러 가지 방법이 떠오를 것이다.

좋은 대답이 나오면 "실패에서 배울 수 있었으니 좋은 경험이었구나."라고 말해주면 좋다.

10
부모의 기대가 아이를
성장시킨다는 잘못된 믿음

자신의 내면에 도전정신을 키운
아이야말로 진정으로 성장한다

태권도, 유도, 검도, 합기도 등, 심신이 건강해지고 예의범
절을 익힐 수 있다는 이유로, 부모의 권유를 받아 이러한 운동
을 배우는 아이들이 늘고 있다.

그런데 이런 운동은 보통 일대일로 시합한다. 이기는 사람
이 있으면 당연히 지는 사람도 존재한다. 이겼을 때는 기분이
좋다. 아이도 기뻐하고, 부모도 잘됐다며 축하해준다. 하지만
졌을 때가 더욱 중요하다.

지난번에는 대회에서 계속 이겼는데, 이번에는 2회전에서
지고 말았다. 그러면 아이는 실망감으로 고개를 푹 숙이게 된
다. 올해도 우승할 거로 생각했는데 져버려서 풀이 죽어 있는
것이다.

이럴 때 간혹 몇몇 부모가 "심판이 이상해. 사실은 우리 아이가 한판승으로 이긴 거였는데." "상대의 반칙도 제대로 못 보다니 저래도 심판이야!"라고 말하면서 아이보다 더욱 화를 내기도 한다. 이런 부모의 행동을 보고 배우다 보면 자녀는 자신의 패배를 인정하지 못하는 사람으로 자라고 말 것이다.

그냥 "이번 시합에선 졌네."라는 말로도 좋지 않은가.

아이가 억울해한다면 "억울하지?"라고 말해주고, 풀이 죽어 있으면 "아쉽게 되었구나."라며, 우선 아이의 기분을 받아주자.

앞으로도 열심히 할 수 있도록 응원해주고 싶다면 두 가지 주의사항이 있다.

첫째, 결과에서 졌어도 잘한 점을 인정해줘야 한다. 상대와 비교하면서 어떤 점이 좋았고 부족했는지를 지적하기보다 아이의 성장에 주목하는 것이다.

"당당히 앞에 나갈 수 있게 되었구나."

"넌 침착하게 했어. 상대의 움직임도 잘 보고 있었고."

"마지막까지 시합을 포기하지 않아서 정말 대견했단다."

"작년에는 맞아서 울었지만, 올해는 울지 않고 열심히 했구나."

이러한 방법으로 아이의 마음을 어루만져주자.

둘째, 아이가 다음에 꼭 이기고 싶어 한다면 앞으로 어떻게 해야 할지 생각해보도록 지도하자. 어떻게 연습을 해야 할지,

어떤 점을 극복해야 할지, 또 어떤 점을 늘리면 좋을지 등 구체적인 목표를 세우면 배움에 임하는 자세도 달라진다.

졌을 때야말로 다음 단계로 비약할 기회다. 하지만 "무슨 일이 있어도 이겨라!"라고 말하며 스파르타식으로 교육하는 부모도 있다. 시합에서 응원도 보통이 아니다. "기합을 넣어, 기합!" "바로 때려!" "지금이야, 어서 가!"라며 아이보다 더 흥분한다. 게다가 이기면 우레와 같은 박수갈채를 보내지만 지면 불호령을 내린다. 이기면 상을 준다며 물건으로 아이를 유혹하는 부모도 있다.

이런 부모는 이렇게 말한다.

"부모가 기대하니까 아이도 계속 이길 수 있는 거예요. 승패와 관계없이 열심히만 하면 된다는 달콤한 말만 늘어놓으면, 아이는 낮은 수준에서 만족하고 말 겁니다."

과연 그럴까? 부모가 이기라고 마구 부추기지 않으면 아이는 열심히 하지 못하는 걸까?

사실은 그렇지 않다. 아이에게도 자신만의 도전정신이 있다. 뭔가에 도전해서 결과가 좋으면, 거기에서 만족하지 않는다. "좋아! 이다음에도 조금 더 열심히 해보자!"라고 생각한다.

도전에 대한 의욕은 부모가 아이를 절대로 지면 안 된다며 막다른 지경에까지 몰아넣기 때문이 아니라, '비록 실패해도 열심히 힘을 내면 된다'고 아이가 스스로 마음을 먹었을 때 생겨난다.

부모의 기대에 부응하기 위해서 "꼭 이겨야 해!"라고 필사적으로 대처하는 아이는, 반드시 힘에 부쳐 중도에 그만두고 만다. 현재 1등을 했다고 해서 모든 경기에서 계속 이길 수는 없다.

자신의 내면에 '실력이 늘었으면 좋겠다'는 의욕을 키우고 앞으로 나아가는 아이는, 일이 잘 풀릴 때도 잘 풀리지 않을 때도 항상 성장할 수 있다. 작은 실패에서 배우면서 중요한 순간에 힘을 발휘할 수 있게 되는 것이다.

11
승패에 집착하는 아이에게
해줄 수 있는 말

**승패에 대한 십작을 버리는 깃이
마음을 편안하게 만드는 비결이다**

"선생님은 저 애만 좋아해. 실은 내가 더 잘 하는데!"

아이는 경쟁에서 졌을 때, 괜히 억울해져서 이런 식으로 토라지곤 한다. 잘하는 분야라고 자부하는 일일수록 더욱 억울한 법이다. 받아들이기 힘든 것도 무리는 아니다.

학년 중에서 피아노를 제일 잘 친다고 자부하던 아이가 학예회에서 하는 합창의 피아노 반주자로 뽑히지 못했다고 해보자. 이때 엄마는 슬퍼하는 아이를 달래려고 애쓴다.

"아무리 네가 잘한다고 생각해도 너보다 잘하는 사람이 있는 법이야. 억울해할 시간에 연습해서 실력을 키우면 되잖니."

이 말에 아이는 더더욱 화가 난다.

"그럼 엄마는 그 애가 나보다 더 잘한다는 거예요?"

일단 '어느 쪽이 더 잘 하는가'에 집착하는 아이의 부담감을 덜어줄 필요가 있지 않을까? 아이의 불만을 이상하게 여기지 말고, 이야기를 다 들어준 후에 이렇게 말해주자.

"많이 실망했지? 그 아이가 얼마나 잘하는지 엄마는 잘 몰라. 하지만 엄마는 네 피아노 연주를 아주 좋아해. 다시는 듣지 못하게 된다면 정말 아쉬울 것 같구나."

그리고 이렇게 엄마의 마음을 전하는 것이다.

"중학생이 된 후에 반주자로 뽑힐지도 모르고, 내년 발표회도 있잖아. 엄마는 벌써 즐거운 마음으로 기대하고 있는걸."

"내년 발표회에서 훌륭한 연주를 하는 것과 그만두어서 후회하는 것, 어느 쪽이 더 나을까? 무슨 일이 있어도 그만두고 싶다면 뭐 어쩔 수 없지만, 엄마는 네가 계속했으면 좋겠어."

한동안은 기분이 안 좋을지 모르지만, 엄마의 말이 가슴에 와 닿는다면 아이 나름대로 마음을 정리해서 "역시 피아노를 계속할래요."라고 말할 것이다.

12
친구의 물건을 잃어버린
아이가 허둥댄다면

아이의 마음을 어루만지면서
함께 대책을 세워보자

아이가 항상 같이 놀던 친구에게 "오늘은 안 돼."라고 말하며 피한다. 알고 보니 친구에게 빌린 게임기를 잃어버렸단다.

이 아이처럼 이러한 행동으로 어색한 상황에서 도망치려는 것은 어른들 사이에서도 자주 일어나는 일이다.

자녀가 이러한 상황에 빠졌다면, "빨리 사과해." "다시 한번 찾아보면 어때?"라며 처음부터 답을 말하지 말고, 우선 이렇게 물어보자.

"참 곤란해졌구나. 그렇다고 평생 그 친구와 만나지 않을 수도 없고, 어떻게 하면 좋을까?"

아이가 "다시 한번 찾아볼게요."라고 말한다면 엄마가 도와줄 수도 있다. 저학년이라면 아직 찾는 방법을 잘 모를 수도 있다. 이럴 때는 "도와주었으면 좋겠니?"라고 말을 걸어보자. 장소를 나눠 함께 찾아보면서 엄마가 먼저 발견해도 "열심히 찾았구나. 다음에도 이런 식으로 찾으면, 너 스스로 찾을 수 있을 거야."라고 말해주자.

아무리 뒤져도 찾지 못할 수 있다. 그럴 때 아이는 "사과해야겠네."라고 말을 꺼낼 것이다. 그러면 이렇게 답해주자.

"그렇구나. 빌린 물건을 잃어버렸으니 사과해야겠지. 그밖에 또 할 수 있는 일은 없을까?"

잃어버린 게임기 대신 자기가 가진 장난감을 하나 준다든지, 저금해 놓은 세뱃돈을 찾아서 새것으로 사준다든지 등의 여러 가지 방법이 있을 것이다. 만약 친구가 "괜찮아. 이젠 그 게임기에 질려버렸으니까."라고 말한다면, "고마워. 다음에 혹시 또 빌리게 되면 절대로 잃어버리지 않도록 조심할게."라고 대답하면 좋다.

상황에 따라서는 아이가 직접 방법을 생각해보도록 지도하면서, 그와 동시에 친구 부모에게 연락을 취하는 것도 좋다.

"지금 이런 이유로 우리 아이가 열심히 찾고 있거든요."

의외로 "죄송합니다. 실은 우리 집에 있었어요."라는 반응이 돌아올 수도 있다.

어느 쪽이든 부모끼리 사이가 좋아져서, 종종 연락을 취하다 보면 서로에게 큰 도움이 될 것이다.

13
친구를 사귀지 못하는
아이를 위한 방법

아이들이 초등학교 생활에 적응하다 보면, 반에는 자연스레 다양한 '친한 그룹'과 '단짝친구'가 생겨난다. 하지만 그중에는 혼자서 따로 노는 아이도 있다.

엄마는 걱정스러운 마음에 "모두랑 같이 놀아라." "네가 먼저 말을 걸어서 친해져야 돼."라고 말하기도 한다. 그러면 아이는 "난 친구 없단 말이야…."라고 대답한다. 이때 당황하지말고 "그럼 누구랑 친구가 되고 싶니?"라고 물어보자.

대개 반에서 가장 인기가 많은 아이를 말할 것이다. 어울려서 같이 놀 친구가 없는 아이에게 인기 많은 아이는 눈부신 동경의 존재다. 저 아이와 친해진다면 모두와 친해질 수 있다고자녀도 나름대로 생각한 것이다. 그렇지만 인기 있는 아이는 같이 놀자고 초대하는 아이가 많을 것이다.

"그러니? 하지만 갑자기 그 아이와 친해지기는 조금 어려울지도 모르겠구나. 그밖에 친구가 될 만한 아이는 없니?"

그러면 자녀는 한참 생각한 후에 다른 아이의 이름을 말할 것이다. 이때는 자기처럼 반에서 혼자 노는 아이일 가능성이 크다. 그 아이라면 친해지기 쉬울 거라고 생각하기 때문이다.

"그럼, 그 아이를 다음에 우리 집에 초대할까?"

아이에게 이러한 제안을 건넬 수도 있다. 아직 친구 초대가 낯선 아이라면 다음과 같은 단계를 밟아도 좋을 것이다.

"엄마가 그 아이가 되어볼 테니 한번 초대해보렴."

이렇게 엄마가 친구 역할을 맡아보자. 너무 진지하게 해도 어색할 수 있으므로 그냥 게임처럼 즐기면서 하는 것이 좋다. 일단 엄마와 웃으면서 해보면, 아이는 자신감이 생겨서 친구에게 제법 쉽게 말을 걸어볼 것이다.

얼마 후, 그 아이가 집에 놀러 오면서 자주 왕래하게 되었다. 한 달 정도 지났을 때 이렇게 물어보자.

"어때? 이제 자신감이 생겼을 테니까, 인기가 많은 그 친구를 초대해볼래?"

대개 아이는 "이젠 됐어."라고 말할 것이다.

실제로 아이는 인기가 많은 친구와 친해지고 싶었던 것이 아니다. 저렇게 반 아이들과 즐겁게 놀 수 있으면 좋겠다는 마음에, 인기가 많은 아이의 이름을 말한 것뿐이다.

정말로 마음이 맞는 친구란 의외로 가까이에 있다. 그런 상대를 찾는다면 아이는 그 상대와 우정을 키워가려고 한다. 한 명의 친구와 우정을 소중히 키워나가다 보면, 서서히 다른 친구와도 좋은 관계를 만들어갈 수 있을 것이다.

성취감과 자신감을 불러일으키는 말의 마법

1. 결과가 예상보다 좋지 않을 때일수록 부모가 아이의 노력을 인정해주는 일이 중요하다.
2. 거짓말은 안 된다고 타이르는 것보다 거짓말을 하고 난 후의 기분을 겪어보게 하는 것도 좋은 방법일 수 있다.
3. 인정을 받으며 자란 아이는 스스로에 자신감을 갖고, 다른 사람의 평가에 흔들리지 않는다.
4. 비판을 받았다고 해서 풀이 죽는 것이 아니라, '저 사람은 그렇게 생각하는구나.' 하고 아이가 냉정하게 받아들일 수 있어야 한다.
5. 아이가 적극적으로 행동하기를 바란다면, 아주 사소한 일이라도 아이의 용기를 인정해야 한다.
6. 도전에 대한 의욕은 '비록 실패해도 열심히 힘을 내면 된다'고 아이가 스스로 마음을 먹었을 때 생겨난다.
7. 친구를 사귀지 못하는 아이에게 먼저 어떠한 친구와 친해지고 싶은지 아이의 진심을 들어보자. 그리고 나서 한 명의 친구부터 서서히 우정을 쌓아갈 수 있도록 도와주자.

사람은 "그렇게 우물쭈물하고 있어서는 안 된다." 하고 부정의 말을 들으면, 오히려 그런 자신이 싫어져서 더욱 풀이 죽는다. 하지만 주눅 든 상황에서도 좋다는 말을 들으면 안심한다. 언젠가는 계속 풀이 죽은 자신의 모습에 질리고 만다. 그러므로 서툴게 격려하기보다는 아이의 기분을 알아주는 편이 아이의 마음도 빨리 진정된다.

4장

아이의
자존감과
자신감 수업

①
아이의 작심삼일을
고치게 하는 방법

**그만두지 말라는 말보다는
다음에 무엇을 할지 함께 고민해보자**

"우리 아이는 뭐든 금방 질려서 무슨 일을 시켜도 오래 가지 않아요."

이런 고민을 안고 있는 엄마가 많을 것이다. 그러나 "한번 시작한 것은 계속해라." 하며 아무리 야단을 쳐도, 아이들은 그리 간단히 말을 듣지는 않는다.

아이가 "엄마! 나 검도 그만둘래. 선생님이 너무 무섭단 말이야."라고 말을 꺼냈다고 해보자. 당신이라면 어떻게 대처하겠는가?

"작년에 막 시작했잖아. 뭐든지 계속해봐야 한단다."

"비싼 도구를 샀는데 아깝지 않니? 조금만 더 해보렴."

"그 정도 연습으로 녹초가 되다니, 앞으로 어떻게 하려고 그러니?"

하지만 아이가 '그만두고 싶다' '선생님이 너무 무섭다'고 한 말은 그저 표면에 드러난 것뿐이다. 거기에 집착해서 이런 저런 설교를 하기 전에, 말 속에 숨은 아이의 진심이 무엇인지 분명하게 물어보자.

"선생님이 그렇게 엄격하시니?"

"검을 휘두르는 연습을 50번이나 해야 해요."

"50번이나 검을 휘두르는 연습을 해야 하니 힘들겠구나."

"30번까지는 괜찮은데, 그다음은 너무 힘들어서 못 하겠어요. 선생님은 계속하라고 하는데, 저한테는 무리예요."

"도저히 안 되겠니?"

"전혀 할 수 없는 건 아니지만, 그런 거 해봤자 실력이 늘지 않아요. 차라리 시합을 많이 하고 싶어요."

역시 아이는 검을 휘두르는 연습만 하는 게 싫은 모양이다.

이렇게 아이가 구체적으로 불만을 이야기하면, 부모도 아이에게 조언하기 쉬워진다.

"지금 잘하는 형들도 처음엔 다 너처럼 연습을 많이 했단다. 엄마는 연습도 매우 중요하다고 생각해."

"엄마는 네가 매우 강해졌다고 생각해. 작년에 시작했을 때만 해도 10번만 검을 휘둘러도 헉헉거렸는데, 지금은 30번이나 할 수 있게 되었잖니."

'계속하다 보면 뭔가 좋은 일이 있다'는 것을 아이가 알게 되면, 그때부터는 계속하려는 의욕이 생긴다. 어떤 일이든 금방 화려한 결과를 얻을 수 없다. 재미없는 순간이 있더라도 계속 끈질기게 열심히 하다 보면 성과가 보이는 것이다. 이를 체험하는 것은 아이가 앞으로 살아가는 데 있어서 매우 중요하다.

물론 정말로 그만두고 싶다면, 그만둬도 상관은 없다.

사람에 따라 어울리는 것도 있는 반면, 그렇지 않은 것도 있는 법이다. 그러므로 도중에 무언가를 그만두는 일 자체는 별로 나쁘지 않다. 그보다 중요한 것은 그만두는 방식이다. '잘 안 되었기 때문에 그만두었다.' '하려고 했는데 오래 이어지지 않았다.' 이런 식으로 일을 그만둔다면, 그때까지 검도를 배운 것이 허사가 되고 만다. 그러면 그만둔 다음에도 매사에 왠지 의욕이 생기지 않고 빈둥빈둥 시간을 허비할 수 있다.

검도를 하면서 진보한 부분을 발견할 수 있게 해주자. '등이 곧게 펴져서 자세가 좋아졌다.' '비 오는 날도 쉬지 않고 다닐 수 있었다.' 등 무엇이든지 좋다. 아이의 노력을 인정해주자.

열심히 한 일은 자신 안에서 힘이 되고 있을 것이다. 그것을 앞으로 어떻게 활용할지가 중요하다.

"검도를 그만두면 다음에는 무엇을 하고 싶니?"라고 물어보자. 부모가 선택해주는 것이 아니라, 아이가 결정하는 것이 더 중요하다.

수영을 배우고 싶다면 "지금까지 검도를 열심히 했으니까, 수영도 분명히 열심히 할 수 있을 거야."라고 용기를 심어주자. 굳이 운동에 한하지 말자. 공부도 좋고 취미활동도 좋다. 무언가를 그만둔 후에도 '이 시간에 대신 이런 것을 해보고 싶다'고 아이가 발견할 수 있도록 도와주자.

검도선생님에게 아이가 직접 "검도를 그만두기로 했습니다. 검도를 배운 덕분에 이런 일도 할 수 있게 되었습니다. 다음에는 그것을 살려서 ○○을 하겠습니다. 고마웠습니다."라고 말할 수 있으면 더할 나위 없이 좋다. 선생님도 이런 말을 들으면 "지금까지 열심히 했구나." 하고 기분 좋게 보내줄 것이다.

②
부모의 서툰 설득은
아이를 불안하게 만든다

**서툰 설득보다는 아이가
마음을 정리할 수 있도록 돕자**

무언가 일이 잘 풀리지 않아서 고민하는 아이를 보면 부모는 자기도 모르게 돕고 싶어진다. 그래서 "이렇게 생각하면 되는 거야."라고 아이를 '설득'하거나 아이의 태도를 긍정적으로 바꿔보려고 한다.

한 아이가 축구시합에 지고 나서 감독에게 "넌 앞으로 이런 걸 주의해라."라는 말을 듣고 완전히 의기소침한 채 돌아왔다.

엄마 입장에서는 감독의 주의를 긍정적으로 받아들이고 노력하면 될 텐데, 우물쭈물 고민하는 아이가 한심스럽게 느껴질 수도 있다.

"네 탓으로 진 게 아니란다."

"감독님은 네 실력이 좋아졌으면 해서 그렇게 말한 거야."

이런 말로 엄마가 아무리 설득해도 아이는 "하지만…." "그래도…." 하고 말꼬리를 늘어뜨리며 자꾸 부정적으로만 생각하려 든다. 이러한 아이의 모습에 엄마도 결국은 화가 나서 "그렇게 자신감이 없으면 앞으로 축구는 그만둬!"라고 언성을 높이고 만다.

자신감이 없는 아이는 '일이 잘 풀리지 않으면' 무엇이든지 쉽게 그만두려고 한다. 그렇게 되면 한도 끝도 없다. 소극적인 아이를 설득해서 긍정적으로 바꾸려는 것은 효율적이지 않다. 누구라도 소극적인 마음이 들 때가 있다. 그럴 때 "그런 소극적인 마음으로는 안 된다."라는 말을 들어도 힘이 생기지 않는다. 오히려 마음을 정리할 수 있을 때까지 옆에 있어주는 것이 좋다.

사람은 "그렇게 우물쭈물하고 있어서는 안 된다." 하고 부정의 말을 들으면, 오히려 그런 자신이 싫어져서 더욱 풀이 죽는다. 하지만 주눅 든 상황에서도 좋다는 말을 들으면 안심한다. 언젠가는 계속 풀이 죽은 자신의 모습에 질리고 만다. 그러므로 서툴게 격려하기보다는 아이의 기분을 헤아려주면 아이의 마음도 빨리 진정된다.

그다음은 아이 자신이 어떻게 하고 싶은가가 중요하다.

정말로 축구를 좋아하고, 그 감독을 존경한다면 "축구를 더 잘 했으면 좋겠다." "다음에는 감독님에게 잘했다는 칭찬을 들었으면 좋겠다."라고 말을 꺼낼 것이다.

"그럼 어떻게 하면 그렇게 될 수 있을까?"라고 물어보면, 아이 나름대로 열심히 생각할 것이 틀림없다.

"다음에는 이런 식으로 연습해봐야지.""감독님 말씀을 주의해서 잘 들을 거야. 어떻게 고치면 좋을지 상담도 해봐야지." 이런 식으로 아이에게도 새로운 의욕이 생길 것이다.

3
시험지를 숨기는
아이에게

야단치기 전에 아이에게
왜 숨기는지 생각하게 유도하자

"이렇게 점수가 나쁘니 엄마에게 보여주면 분명 야단맞을 거야."

이러한 생각으로 성적이 나쁜 시험지를 숨기려는 아이가 있다. 그리고 책상 서랍 안 한구석이나 책가방 속에 숨겨놓은 시험지를 발견하고는, "이 녀석!" 하고 천둥처럼 큰 소리로 야단치는 엄마도 있을 것이다.

하지만 책상 서랍도 책가방도 아이의 것이다. 마음대로 아이의 것을 뒤지는 엄마의 행동도 별로 좋지 않다. 먼저 "아무 말 하지 않고 열어서 미안하지만, 이런 걸 발견했어."라고 말하는 것이 순서가 아닐까?

"왜 숨겼니?"라고 그 이유를 물어보더라도 엄마 자신이 더 잘 알고 있다. 그대로 보였다가는 엄마가 화를 내기 때문에 아이가 시험지를 숨긴 것이다. 실제로도 시험지를 발견해서 노발대발하고 있지 않은가. 어쩌면 아이는 다음에는 더 잘 숨겨야겠다고 생각할지도 모른다.

그럴 때는 이렇게 말해보면 어떨까?

"엄마는 네가 이걸 보여주었으면 했는데. 나쁜 점수라도 네가 열심히 공부를 했다면 그것으로 충분하다고 생각한단다. 오히려 보여주지 않아서 조금 섭섭하네."

아이가 풀이 죽어 있으면, "실은 엄마도 하나 숨기고 있는 게 있었단다."라고 말하면서 "자, 이 초콜릿을 숨기고 있었어. 너도 먹어보겠니?" 하는 식으로 재치를 발휘하면 아이의 움츠러들었던 마음이 조금은 기운을 내지 않을까?

간혹 아이에게 오래도록 설교하는 부모가 있다. 이렇게 말하면서 말이다.

"점수가 나빠서 야단치는 게 아니야. 이렇게 가방 속을 더럽히고, 시험지를 숨긴 게 잘못했다는 거야."

만약 아이 가방에서 100점짜리 시험지가 나왔으면 어땠을까? 과연 왜 숨겼냐고 야단을 칠까? "제대로 보여주면 좋았을 텐데." 하고 웃는 얼굴로 말하지 않을까? 즉 이때 아이의 성적은 본질적인 문제가 아니다. 부모의 태도에서 문제점을 찾아야 한다.

정작 부모가 솔직해지지 않으면, 아이에게만 정직하게

살라고 말해도 소용이 없다. 아이가 실패를 숨겼을 때야말
로 부모에게도 자신의 방식을 되돌아보는 좋은 기회가 될
것이다.

　지금까지 아이의 실패에 대해서 어떤 태도를 취하고 있
었는지, 또 아이가 정직하게 말할 수 있는 관계를 만들고
있는지, 다시 한번 생각해보자.

아이의 거짓말을
혼내기 전에

**왜 거짓말하는가가 아니라,
어떤 목적을 위한 거짓말인가에 주목하라**

앞서, 항상 약속 시각을 지키지 못하는 아이에 관해 이야기했다. 이런 아이는 시간에 늦어 부모에게 야단맞는 동안에 '이래서는 안 되는데.' 하고 생각하면서도, 무의식적으로 "○○가 넘어져서 피가 많이 났어요. 그래서 집까지 데려다주었단 말이에요." "선생님이 남아 있으라고 했단 말이에요."와 같이 변명을 늘어놓는다.

그것이 거짓말임을 알아챈 부모는 "왜 거짓말을 하고 그래?"라고 아이를 더 야단친다.

사실 부모는 아이가 왜 거짓말을 했는지 캐묻지 않아도 잘 알고 있다. 부모에게 야단맞고 싶지 않기 때문이다. 하지만 "거짓말해서는 안 된다!"라고 강하게 야단치면 아이는 앞으로 거짓말을 안 하게 될까? 아마도 부모에게 들키지 않을 더욱 교묘한 거짓말을 지어낼 것이다.

아이가 거짓말했을 때는 왜 거짓말을 하는가보다 어떤 목적으로 거짓말하는지에 주목하자. 거짓말에는 다음과 같은 세 가지 목적이 있다.

첫째, 자신을 지키기 위해서다. 야단맞고 싶지 않아서 하는 거짓말이 이에 해당한다. 좋은 일은 아니지만, 어쩔 수 없어서 하는 거짓말이다.

둘째, 타인을 지키기 위해서다. 리더 기질이 있는 아이는 다른 아이를 감싸기 위해서 거짓말을 하곤 한다. 선생님에게 늘 야단맞는 친구가 또 실수를 했을 때, 그 아이를 감싸주려고 대신 "제가 했어요."라고 말하는 것이다.

셋째, 다른 아이를 골탕 먹이려고 일부러 거짓말을 지어내 선생님에게 고자질하는 경우다. 이 거짓말은 용서받을 만한 것은 아니지만, 실제로 아이들이 이러한 거짓말을 하는 경우는 흔치 않다. 친구에게 책임을 전가하는 거짓말도 알고 보면 그 아이를 골탕 먹이기 위해서가 아니라, 자신이 야단맞지 않으려고 무의식적으로 저지르는 경우가 대부분이다.

아이가 부모에게 거짓말을 했을 때 아이에게만 문제가 있다고 단정 지을 수 없다. 아이가 부모와 정직하게 대화를 나누지 못하는 관계를 맺고 있는 것이다. 그러한 가정에서 귀가가 늦은 아이가 거짓말을 하지 않고 "놀다 보니 시간이 지난 줄 몰랐어요."라고 사실대로 말했다면 어떻게 되었을까? "정직하게 말하다니 훌륭하구나."라고 칭찬을 받을까? 십중팔구 "그러고 보니 얼마 전에도 그랬지? 똑바로 좀 해!"라고 야단을 맞을 것이다.

따라서 부모 스스로 "어떻게 하면 아이가 나에게 사실대로 말해줄 수 있을까?" 하고 과거의 모습을 돌아볼 필요가 있다고 생각한다. 아이가 거짓말했을 때는 "사실대로 말할 수 없었겠지만, 그럼에도 거짓말을 해서 무척 슬프구나." 하고 부모의 진심을 그대로 이야기해보자.

한편 아이가 거짓말을 한 것 같은 생각이 들 때 가끔 속아 넘어가는 것도 좋다.

"내가 한 게 아니에요. ○○이 실수했는데 숨겼던 거예요."라고 아이가 말했다면 "그랬구나. 그럼 그 아이가 실수했을 때 너는 어떻게 도와주었니?"라고 물어보면 좋다. 도와주지 않았다고 대답한다면 이렇게 말하자.

"그 아이에게 어떤 일을 해줄 수 있을까? 실수해도 그것은 야단맞을 일이 아니라고, 정직하게 말해도 좋다고 이야기해주면 어떨까?"

무엇이든 정면으로 승부한다고 좋은 것은 아니다. 특히 자녀는 항상 한 발 후퇴하면 두 발 전진하기 마련이다. 아이의 전진을 위해 때로는 아이에게 조금 양보해도 좋다.

아이가 거짓말로
허세를 잔뜩 부린다면

화려한 거짓말 뒤에 숨은
원망을 눈치채자

흥미롭게도 아이들끼리 이야기를 나누다 보면, 가끔 누구 부모가 더 훌륭한지 경쟁을 한다. 그리고 대개 한 아이가 "우리 아빠는 사장이야."라고 말하면, 다른 아이가 지지 않으려고 "우리 아빠도 사장이야."라고 대꾸하는 경우가 많다.

우연한 계기에 자녀가 그런 말을 퍼뜨리고 있음을 알게 된 엄마는 얼굴이 달아오르고 금방이라도 아이에게 거짓말은 나쁘다고 꾸짖고 싶을 것이다. 그래도 "왜 그런 거짓말을 하는 거니? 보기 흉하지도 않니?"라고 야단치지 마라.

아이는 우리 아빠도 훌륭한 분이라고 말하고 싶었을 뿐이다. 아이들은 종종 자신의 소망을 실제로 있었던 일인 것처럼 말하기도 한다.

"넌 아빠가 사장이었으면 좋겠다고 생각했구나. 사실은 아빠가 사장이 아니라서 조금 섭섭하니?"

이런 식으로 말을 걸어보자. 그리고 다음과 같이 아빠에 대해 이야기해보자.

"아빠에게도 좋은 점이 많다고 생각해. 매일 회사에 가서 열심히 일하면서 너희들을 지켜주고 계시잖니."

"그럼 네가 볼 때 아빠의 좋은 점은 뭐라고 생각해?"

그러면 아이는 아빠가 장난감을 함께 조립해준다거나 야구를 함께해준다거나, 또 책을 많이 읽어서 많은 것을 알고 있다든지, 항상 용돈을 준다든지, 공부를 가르쳐준다는 등 여러 가지 이유를 들 것이다.

아이들이 "우리 아빠는 사장이 아니지만, 이렇게 좋은 점이 많아. 그래서 난 우리 아빠를 아주 좋아해."라고 가슴을 펴고 당당히 말할 수 있는 아이로 자라주었으면 한다. 부모들도 아이가 그렇게 말할 수 있는 가정을 만들어주기를 바란다.

창피한 경험을 한 아이에게 도움을 주는 방법

신경 쓰지 말라는 말 대신 부모의 실패담을 이야기하라

초등학교 저학년 사이에서 스쿨버스나 소풍 가는 버스에서 멀미로 토했다거나, 수업 중에 "화장실에 가고 싶어요."라고 말하지 못하고 참다가 바지에 실례하는 일이 종종 일어난다.

이런 일을 겪으면 아이는 몹시 창피해할 것이다. 그리고 다른 아이들이 자신을 어떻게 생각할지 걱정하며 불안해한다. 그중에는 "학교에 가고 싶지 않아요."라고 말하는 아이도 있다.

그렇다고 "그런 일은 창피한 게 아니야." "신경 쓸 일이 아니야."라고 아이의 기분을 부정하지 마라.

"그렇구나. 애들 앞에서 토해버렸다면 정말로 기분이 안 좋겠지."

"조금 창피했겠구나."

이런 식으로 아이의 마음을 받아주자. 낙담한 아이에게 "주눅 들지 마."라고 말하는 것도 무리다. 이때 낙담해도 좋다고 인정해주면 아이는 안심하면서 부모에게 자신의 마음을 이야기할 수 있을 것이다.

아이가 실수했을 때는 일단 이렇게라도 푸념을 들어주는 일이 중요하다. 여기에 엄마의 실패담을 이야기해주면, 아이는 한결 마음이 편안해진다. 예를 들면 이렇게 말해주는 것이다.

"엄마도 말이지. 학교에서 돌아오는 도중에 똥을 싸버렸던 적이 있단다. 굉장히 창피했어."

이때 조금 과장해서 말해도 상관없고, 친구의 이야기라도 상관없다.

"그래서 어떻게 됐어요?"

"친구에게 무슨 말 안 들었어요?"

아이는 금세 흥미진진해져서 마구 질문할 것이다.

"외할머니에게 굉장히 야단을 맞았지. 새 바지가 엉망이 되었으니까."

"친구에게 냄새난다는 말을 듣고 한동안 힘들었지만 다들 금방 잊어버리더라."

아이는 자신의 실수가 세상에서 최고로 형편없는 일이라고 느끼고 있다. 이때 엄마와 실패담에 관해 대화를 나누다 보면 자연스레 자신의 실수가 대단한 일이 아니라고 생각하게 된다.

아이의 기분이 나아지면 다음에 똑같은 일이 생겼을 때 어떻게 대응하면 좋을지 함께 생각해보자.

"다음에도 또 멀미를 하면 어떻게 해야 할까?"

"수업시간에 오줌 싸러 가고 싶을 수도 있잖아. 그럴 때는 어떻게 하면 좋을까?"

토할 것 같으면 선생님에게 말한다거나, 화장실에 가고 싶다면 손을 들어 말하거나, 쉬는 시간에 화장실에 미리 간다든지 마지막까지 참아보는 등. 아이도 자기 나름대로 열심히 생각해서 대답할 것이다. 옆에서 아이에게 조언하면서 그중에서 아이가 할 수 있는 일을 잘 결정하도록 도와주자.

혹시 자녀가 토한 것을 치워준 아이가 있을지도 모른다.

"○○가 바닥을 닦아주었어요. 그 애에게 미안하다고 말하는 게 좋을까요?"라고 자녀가 물으면 "고마웠다고 말하는 게 낫지 않을까? 그렇게 너를 도와주다니 좋은 친구구나."라고 가르쳐주자.

도전을 두려워하는 아이에게
용기를 심어주는 법

**부모의 경험담을 들려주며
자신감을 북돋아주자**

운동회 전날이면 "내일 학교에 가고 싶지 않아."라고 말하는 아이가 있다. 작년에는 달리기 경주에서 꼴찌였고, 올해도 꼴찌가 될 게 뻔하다는 이유로 창피해서 운동회에 가고 싶지 않다는 것이다.

"전력을 다해서 열심히 하면 되잖아."

"참가에 의의를 두면, 꼴찌라도 창피하지 않아."

아무리 격려의 말을 해도 소용이 없다. 창피하지 않다고 말해도 결국 창피를 당하는 것은 부모가 아니라 아이다. 차라리 "만약에 꼴등 할까 봐, 그게 창피한 거구나?"라고 아이의 마음을 받아들이자. 이때 '꼴등 할까 봐'가 아니라 '만약에'가 요점이다. 그것을 이해해준 다음에, 부모의 생각을 이야기해주면 좋다.

아이에게 용기를 심어주기 위해서는, 단순한 격려의 말보다 일화를 드는 것이 도움이 된다.

마라톤에서는 다른 선수들에게 뒤처져서 마지막에 들어온 선수가 트랙을 다 뛰었을 때, 관중이 큰 박수를 보내준다. 엄마가 아이에게 그런 일화를 들려주면서, "빨리 달리는 사람만이 박수를 받는 것이 아니야, 사람들은 마지막까지 최선을 다해 열심히 달린 것을 보고 감동한단다."라고 말해줘도 좋다. 엄마의 경험을 이야기해주면 가장 좋다.

"엄마도 운동회 때 꼴찌가 될까 봐 가고 싶지 않았단다. 하지만 열심히 연습해서 달리기로 했지. 열심히 뛰었더니 꼴찌에서 2등이 되었어."

열심히 하니 1등이 되었다는 화려한 에피소드가 아니라, 아이가 조금만 열심히 하면 이룰 수 있는 결과를 이야기하는 것이 비결이다.

무리에 끼지 못하는 아이에게
보여야 할 태도

어른이 먼저 나서면 아이에게서
스스로 주장하는 힘을 빼앗는 셈이다

친구들 무리에 잘 들어가지 못하는 아이가 있다. 반 아이들 모두가 운동장에서 줄넘기를 하는데, 조금 떨어진 곳에서 멍하니 보고만 있다. "나도 끼워줘."라는 말을 꺼내지 못해서다.

이럴 때 선생님이 "○○도 끼어줘라."라고 종종 말한다. 그러나 이것은 그 아이를 위한 좋은 방법이 아니다.

"너도 같이하고 싶니?"라고 먼저 아이에게 물어봐야 한다.

아이가 그렇다고 대답한다면, 이렇게 말하며 용기를 심어주자.

"그럼 나도 끼워달라고 말해보렴. 선생님이 여기에서 지켜봐줄게."

만약 친구들이 그 아이를 끼워주기 싫어한다면, 그때 비로소 어른이 개입하면 된다.

이처럼 무리에 끼고 싶은데 먼저 말하지 못해서 고개를 숙이는 아이가 있는 반면, 진심과 달리 "들어가고 싶은 게 아니란 말이야."라고 말하며 토라지는 아이도 있다. 아이는 먼저 자신의 말에 책임을 지는 일을 배워야 한다.

"아무 말이 없구나. 들어가고 싶으면 말하렴." "알았어. 들어가고 싶은 게 아니구나."라고 말하면서 신경을 쓰지 않는 편이 좋다. 한참 후에도 같은 상황이 이어진다면 "이번에는 너도 하고 싶지 않니?"라고 다시 물어보면 된다.

학교를 예로 들었지만, 부모도 마찬가지다.

'우리 아이는 소극적이라서'라는 생각으로 자녀가 먼저 말하기 전에 나서는 부모가 많다. 공원에서 노는 아이들에게 "우리 아이도 끼워주렴."이라고 말을 꺼내거나, 혼자 구석에서 조용히 노는 자녀에게 "너도 쟤들이랑 같이 놀아."라고 말하는 것이다.

그러지 말고 "너도 쟤들이랑 함께 놀고 싶니?" "저 아이랑 사이좋게 지내고 싶니?"라고 물어보자.

혼자서 조용히 노는 것을 좋아하는 아이도 있다. 이때 무리하게 다 같이 놀으라고 재촉하지 말고, 조용히 놀게 해주자. 아이가 조용히 혼자서 노는 것에 만족하면, 이윽고 그 아이 나름의 속도로 다른 아이와 어울리고 싶어 할 것이다. 그런 식으로 조용하게 같이 놀 수 있는 친구를 발견하지 않을까?

⑨ 소극적인 아이에게 효과적인 게임

역할연기 게임을 통해
아이의 자신감을 키워주자

"다들 같이 놀면서 나한테만 말을 걸어주지 않았어."

아이가 힘없이 말한다.

이때는 초대받기만을 기다리지 말고, 먼저 초대하면 된다.

하지만 먼저 초대하지 못하는 아이는 거절당하는 것을 무서워한다. 거절당하는 위험을 피하고, 자신은 안전한 곳에서 누군가 초대해주기를 기다리는 것이다. 어떤 의미에서 아이 나름대로 머리를 쓰는 것으로 볼 수 있다.

아이만이 아니다. 이러한 경향은 어른들에게도 종종 나타난다.

"이렇게 해주면 좋겠다.""이렇게 하고 싶다."고 확실히 말하지 않는다. 서로의 마음속을 캐면서 "그 점을 좀 잘 봐주십

시오." "네, 선처하겠습니다."라고 말한다. 회사 안에서도 누가 초대해주지 않았다든가, 저 사람이 내 체면을 세워주지 않는다 등의 문제가 자주 일어나지 않는가. 사회생활에서 그렇게 해서는 곤란하다. 기다리지만 말고 스스로 전진할 힘이 필요하다.

아이가 "친구가 초대해주지 않았다."고 호소할 때는, "네가 먼저 초대를 하면 되지."라고 가르쳐주자.

그런데 초대해도 거절당하는 경우가 있다. 이럴 때 아이는 거절당하면 마치 상대가 자기를 싫어한다고 생각하기 쉽지만, 꼭 그런 것만은 아니다.

놀자고 초대했는데 "안 돼."라는 말을 들었을 때 어쩌면 그날 그럴 수밖에 없는 사정이 있었을 수 있다. 그러므로 다시 한번 물어보는 것이 중요하다.

"알았어. 오늘은 안 되는구나. 언제가 좋아?"

아이가 놀자고 말했을 때 모두 "응, 놀자!"고 대답할 리 만무하다. 그 시간에 학원에 가야 한다든지, 바깥은 영 내키지 않지만 집에서 게임을 하는 거라면 좋다든지, 우리 집에 오는 것은 안 되지만 친구 집에 가는 것이라면 좋다든지 각자 여러 가지 사정이 있을 것이다.

이럴 때는 역할연기(role-playing. 등장 인물에게 일정한 역할을 주어 일상적인 장면에서 행동하도록 연기를 시키는 방법)를 해보는 것도 좋은 방법이다.

자기가 먼저 친구를 초대하지 못하는 아이에게는, 엄마가 상대역을 맡고 여러 상황을 설정해서 연습을 시켜주면 좋다.

"잘 말할 수 있게 될 거야!"라고 너무 진지해질 필요는 없다. 게임처럼 가볍게 해보자.

10
미움받을까
불안해하는 아이에게

상대의 마음을 확인하는 방법으로
아이의 불안감을 해소시키자

학교에서 돌아온 아이가 "모두에게 미움받고 있는 걸까?"
라는 말을 꺼냈다.

이때 "그런 일은 없단다. 넌 좋은 아이야."라고 간단히 말하
지 말고, 자세한 이야기를 들어보자.

"미움을 받는다고? 어떤 일이 있었기에 그렇게 생각했니?"

"몰라. 그냥 어쩐지."

"그냥 그렇게 생각하는 거니? 그럼 정말로 미움받고 있는
지 어떤지는 모르는구나. 나중에 또 뭔가 있으면 알려주렴."

아이가 어물쩍 대답하면 이렇게 말하며 상황을 지켜보자.

한편 아이가 "'안녕'이라고 인사했는데 아무도 대답해주지
않았어."라고 한다면 다음과 같은 방법이 있다.

"자기한테 하는 줄 모르고 그랬을 거야. 다음에는 그 친구의 이름과 함께 '안녕'이라고 말해보면 어떨까?"

직접 이름을 불러서 인사해도 '시끄러, 너랑 관계없어.'라는 표정을 보인다면, 그것은 분명히 자기를 싫어하는 것이겠지만, 실제로 그런 일은 좀처럼 없다.

대답하지 않았다고 해서, 상대가 무조건 자신을 싫어하는 게 아니라는 사실을 아이에게 일러줄 필요가 있다.

만약 "○○는 내가 몇 번이나 불렀는데 대답해주지 않았어."라고 말한다면, 그 아이가 진짜로 싫어하고 있는지도 모른다. 그럴 때는 어떻게 대답하는 것이 좋을까?

"○○와 친하게 지내고 싶니?"

이런 질문으로 아이의 마음을 확인해보면 어떨까? 굳이 모두 다 좋아할 필요는 없다. 나를 싫어하는 사람도 있을지 모르고, 그 사람과 일부러 사이좋게 지낼 필요도 없다. 그 외의 다른 아이와 사이좋게 지내면 되는 것이다. 하지만 그 아이를 좋아하기 때문에 사이좋게 지내고 싶다면, '어떻게 하면 사이가 좋아질 수 있을까?' 하고 생각해볼 필요가 있다.

이때 완전히 자신감을 잃어서, "나는 모두에게 미움받고 있다."고 말하는 아이가 있다. 하지만 반 아이들 모두에게서 미움받는 일은 드물고, 영원히 미움받는 일도 없다.

예를 들어 운동이 서툴다면, 모두 공놀이를 할 때는 "넌 잘 못해서 싫어."라는 말을 들을 수도 있지만, 수학 시간에 그룹으로 나뉘어서 문제를 풀 때는 큰 도움이 될지 모른다.

앞에서도 이야기했지만, '2 대 1 대 7의 법칙'이라는 것이 있다.

자신 주위에 10명의 사람이 있다면, 그중 2명은 내가 특별히 노력하지 않아도 나에게 호감이 가서 친하게 지낼 수 있는 사람이며, 1명은 아무리 해도 궁합이 맞지 않는 사람, 나머지 7명은 노력 여하에 따라서 사이가 좋아질 수 있는 사람이다. 아무리 훌륭한 사람이라도 세상 모든 사람에게 사랑받는 일은 있을 수 없고, 반대로 모두에게 미움받는 일도 없다.

그런데 만약 누군가 다른 아이들을 선동해서 "저 애를 무시해!"라고 한다면 그것은 집단적인 따돌림에 해당한다. 그 경우에 대해서는 다른 항목에서 설명하기로 하겠다.

11
아이의 투정은
아이와 가까워질 기회다

하고 싶지 않다는 말을
넘겨듣지 말고 진심을 알아내자

어떤 아이가 발레발표회의 주인공으로 발탁되었다. 매우 기뻐할 줄 알았는데, 아이가 "하고 싶지 않다."고 말한다면 어떻게 대처해야 할까?

엄마는 좋은 기회를 놓치는 자녀를 보며 "우리 아이는 뭐든지 새로운 일을 하면 겁을 낸다니까." 하고 한숨을 쉴 수 있다. 그렇지만 아이가 하고 싶지 않다는데 무리하게 시킬 수는 없는 노릇이다.

결국 엄마는 이렇게 말한다.

"정말로 하고 싶지 않니? 그렇다면 네가 직접 선생님에게 말하렴. 선생님이 곤란해지지 않게 빨리 이야기하는 게 좋겠구나."

언뜻 이런 대응은 아이의 자주성을 존중하는 듯 보인다. 하지만 과연 좋은 대응일까?

하고 싶지 않다는 아이의 말은 표면적인 이유에 불과하다. 부모는 말 속에 숨은 아이의 진심을 대화를 통해 제대로 알아내야 한다.

"하고 싶지 않은 이유를 엄마에게 가르쳐줄래?"

"몰라."

많은 아이가 이렇게 대답할 것이다.

그러면 "저녁 식사 때까지 생각해두렴." 하고 시간을 주자.

아이는 왜 주인공을 하고 싶지 않을까? '무대에서 실패하면 어쩌지.' 하고 불안감을 느낄 수도 있고, 다른 아이를 제쳐두고 사람들 눈에 띄는 것이 무섭거나, 엄격한 연습을 따라가지 못해 걱정할 수도 있다. 갑자기 주인공 역할에 자신감이 없어졌거나 노는 시간이 줄어드는 것이 싫다는 등, 아무튼 이유는 다양할 것이다.

"그렇지 않아."라고 도중에서 말을 끊지 말고, 우선 아이의 그런 마음을 확실히 들어주자.

그 후에 "실패해도 괜찮아."라며 아이에게 용기를 심어주거나, "예전에 엄마도 앞에 나가서 처음 무언가를 할 때 무서웠단다. 그런데 해보니까 의외로 잘 해낼 수 있었어."라며 경험담을 들려주거나, "엄마는 네 무대가 보고 싶어. 주인공에 도전하는 건 정말 멋진 일이라고 생각해."라고 자기 생각을 말해주면 된다.

　물론 결정은 아이의 몫이지만, 조금 불안한 일에도 도전할 수 있도록 용기를 심어주자.

　도전하지 않고 그냥 포기한다면 불안할 일도 긴장할 일도 없을뿐더러, 마음껏 놀고 하루하루를 평온하게 보낼 수 있을 것이다. 하지만 불안힌 일에도 도선하고 열심히 노력한 체험이야말로 아이에게는 그 무엇과도 바꿀 수 없는 소중한 재산이 된다.

12
학교에서
볼일을 참는 아이

연습힐 기회를 만들어주면,
아이는 쉽게 포기하지 않는다

최근 학교에서 화장실에 가지 못하는 아이가 늘고 있다. 특히 대변 보는 일이 창피하다며 볼일을 참다가 변비에 걸리는 경우도 많다고 한다.

원래 학교는 아이의 생활에 맞게 화장실을 바꿔야만 한다. 요즘 많은 집에서 서양식 화장실을 사용하고, 이에 맞춰 유치원이나 놀이방도 서양식이 주류를 이룬다. 그런데 아직 초등학교는 개선되지 않은 곳이 몇몇 존재한다. 재래식 변기가 처음인 아이들은 적응하지 못해서 볼일을 보는 데 실패를 한다. 그래서 싫어하는 것도 무리가 아니다.

초등학교에 적응하지 못하는 이유 중에는 이런 점도 큰 부분을 차지한다.

"그런 화장실은 처음이지? 볼일 보는 거 힘들겠네."

"적응하지 못하니까 어렵지?"

이렇게 아이에게 말해주자.

"다음에는 잘할 수 있을 거야. 우리 조금만 연습할까?"라고 말하며 연습할 기회를 주는 방법도 있다.

공공시설물의 화장실 중에 시양식과 재래식 양쪽 모두 있는 곳이 있다. 그런 곳에 가서 "이런 식으로 하는 거야."라고 가르쳐주면 좋다.

연습하면서 "잘했어!"라고 칭찬해주면 아이는 안심한다.

아이가 무슨 일을 하기 전에 주저할 경우, 아이와 이야기를 나누다 보면 의외로 가까운 곳에서 원인을 발견할 수 있다. 그 원인을 발견해서 함께 연습하며 불안감을 해소시켜주면 좋다.

13
자신의 실수를
남 탓으로 돌리는 이유

실패를 남 탓으로 돌리는 것은
자신에게 짜증이 나기 때문이다

아이들은 문제가 생기면 친구 탓으로 돌리곤 한다. 언변이
좋은 아이라면 불리한 상황에서 벗어나려고 "엄마가 제대로
말하지 않았잖아요. 다 엄마 탓이야!"라고 엄마를 끌어들이기
도 한다.

아이의 견학 전날에 이런 일이 있었다고 해보자. 엄마가
전날 저녁에 "내일 오후에 견학 가지? 버스 타야 하니까 멀미
약 잊지 말고 챙겨라."라고 말했는데, 아이가 게임에 푹 빠져
서 "응, 식탁에 두세요."라고 시큰둥하게 대답했다. 다음 날,
엄마가 아이를 배웅한 다음 식탁을 보니 멀미약이 그대로 놓
여 있다.

아이가 견학을 마치고 돌아오자마자 엄마는 야단을 쳤다.

"내가 그렇게 말했는데 멀미약을 잊어버렸잖아. 어제 가방에 넣었으면 안 잊었잖아."

그러자 아이가 "엄마도 말해주지 않았잖아! 다 엄마 탓이야!"라며 대꾸한다.

"엄마도 바쁘니까 그렇지. 엄마가 어떻게 다 기억하니? 한번 말하면 시키는 대로 해!"

"거봐, 역시 엄마가 잊어버렸잖아. 엄마가 나빠!"

어느 쪽이 나쁜지를 따져도 소용없다. 이것은 약을 미리 챙기지 않은 아이의 책임이다.

그런데 굳이 화를 낼 필요가 있을까? 멀미약을 잊어서 곤란해진 사람은 아이다. 그러므로 사실은 야단칠 필요가 없는 일이다.

이때 엄마는 "멀미약을 잊어버려서 안 됐구나. 곤란하지는 않았니?"라고 물으면 된다. 뜻밖에도 아이가 "괜찮았어요. 오늘은 멀미하지 않았어요."라고 대답할지도 모른다.

"다행이구나. 그럼 수학여행 갈 때도 멀미약 없어도 괜찮겠니?"

아이가 "그때는 버스를 오래 타야 하니까 먹는 편이 좋겠어요."라고 대답한다면, 그다음은 어떻게 하면 잊지 않고 챙길지 함께 방법을 생각하면 된다.

엄마가 처음 말을 꺼냈을 때 바로 챙겨두는 방법도 있다. 또는 아이 스스로 소지품 리스트를 만들어서 출발 전에 확인하거나, 출발 직전에는 바쁠 수 있으니 아침에 먹는 분만 따로 챙기고, 가지고 갈 약은 가방 속에 미리 넣어두는 등 여러 가지 방법이 있을 것이다.

'반항기'에 접어든 아이는 아주 사사로운 일에서 엄마를 탓하기도 한다. 잠에서 깨어보니 머리가 이상해졌다고 거울 앞에서 짜증을 내면서 얼른 학교에 가라고 재촉하는 엄마에게 "엄마 탓이야!"라고 짜증을 부리기도 한다. 그럴 때는 일일이 화내지 말고, "어머, 그러니?"라고 웃어넘기면 된다. 이런 시기는 금방 지나가며, 아이도 엄마 탓이 아니라는 것쯤은 잘 알고 있다.

⑭ 울음으로 상황을
모면하려는 아이

**울면 다 된다는 생각을 버리고,
말로 진심을 전할 수 있도록 지도하라**

문제가 있을 때마다 훌쩍훌쩍 울면서 돌아오는 아이가
있다. 걱정된 엄마는 "어떻게 된 거니? 누가 널 괴롭혔니?"
라고 물으면서도, 속으로는 '정말 소심하다니까.' 하고 한숨
을 쉰다.

아마도 이 아이는 어릴 때부터 구석에서 울고 있으면 엄마
가 달려와서 달래주거나 장난감을 뺏어간 친구에게 돌려달라
고 대신 말해줬을 것이다. 그래서 울면 누군가 어떻게든 해준
다고 굳게 믿을 수도 있다.

울고 있는 아이에게는 "다 울었으면 이제 말해보렴."이라
고 상냥하게 말을 걸어보자. "그런 일로 일일이 울면 안 돼."
라고 무서운 목소리로 야단치면, 아이는 불이 붙은 것처럼 더

울게 된다. 울고 있는 일 자체에 신경 쓰지 말고, 울음이 그칠 때까지 조금 더 기다려주자. 어떤 아이라도 감싸주는 상대가 없으면 혼자서 오랜 시간 계속 울지 않는다.

"잠깐 빨래를 걷어올 테니까, 다 울고 나면 들어오렴."이라고 말하고, 잠시 다른 방에라도 가 있으면 아이는 그사이 울음을 그친다. 그러면 이때 엄마가 "왜 울고 있었니? 사실은 무슨 말을 하고 싶었던 거니?" "너 어떻게 하고 싶니?"라고 물어보면 좋다.

아이는 자신의 진심을 제대로 전하는 방법을 배울 필요가 있다. 유치원이나 학교 등 집단생활에서는 자기 생각을 말할 수 있어야 한다. '울면 어떻게든 된다'는 생각은 '난폭하게 굴면 어떻게든 된다'는 생각과 마찬가지다. 이는 아이가 말로 전달하는 방법을 제대로 배우지 못했기 때문이다.

안 좋은 일을 당했다면 "싫어!" "그만두었으면 좋겠어!"라고 말로 전할 수 있어야 한다. 또한 원하는 것이 있다면 누군가 알아주기만을 기다리지 말고 "이렇게 해주었으면 좋겠다."라고 말로 전해야 한다.

15
아이가 직접 옷을 고르면
일어나는 일

아이에게 직접 옷을 고르게 하면서
스스로 생각하는 힘을 키워주자

"이런 옷은 보기 흉하니까 싫어."

"이런 옷은 눈에 띄잖아요. 친구가 뭐라고 할지도 몰라."

이처럼 엄마가 골라준 옷을 아이가 싫어하는 경우가 많다.

이때 엄마는 "그런 말 하지 말고, 모처럼 샀으니까 입어라."
"다른 아이들이랑 같은 옷이 아니라도 괜찮지 않니?"라고 말
하기 쉽다. 우선 생각해야 할 문제는 엄마가 아이가 입고 싶어
하는 옷을 사주지 않았다는 것이다.

엄마의 취향과 아이가 입고 싶은 옷이 반드시 같을 수는 없
다. 엄마가 자기 취향대로 옷을 사고 싶어도 그렇게 할 수 없
는 법이다. 아이가 싫다고 말했다면, 다음부터는 함께 옷을
사러 가서 아이의 의견을 물어보면 어떨까?

무엇이든 아이의 말대로 할 필요는 없다. 어린아이라면 캐릭터가 그려진 옷을 입고 싶을 수도 있고, 고학년이 되면 비싼 브랜드 옷을 원할 수도 있다. 이때 사줄 수 있는 것은 사주고, 그럴 수 없는 것은 안 된다고 딱 잘라 말하면 된다.

"이 중에 어느 쪽이 좋아?"라고 질문해도 좋다. 이러한 과정에서 아이는 자신이 쓸 물건을 책임감을 갖고 선택하는 법을 배울 수 있다. 아이가 원하는 옷을 사주지 못할 때는 "지금은 어렵지만, 크리스마스 때까지 기다리면 그때 사줄 수도 있어."라고 말하면서 아이에게 참는 법을 가르치자.

다음 문제는 '다른 친구들에게 무슨 말을 듣는 것이 싫어서 입고 싶지 않다'는 경우다. 이 말을 뒤집어보면, 다른 친구들이 아무 말 하지 않으면 입고 싶다는 뜻이 된다. 그렇다면 아무 말 듣지 않는 그런 옷차림은 어떤 것인지, 그리고 다른 아이에게서 한 마디 듣는다면 어떻게 할지를 생각하면 된다.

예를 들면 평소와는 다른 기회에 입어보는 것은 어떨까?

"일요일에 외출할 때 입어볼까?"라고 제안할 수도 있고, 소풍을 가거나 학교에서 단체로 연극이나 영화를 보는 날과 같은 특별한 행사가 있을 때 입을 수도 있다. 그런 식으로 옷차림에 적응하다 보면, 평소에도 입을 수 있을지 모른다.

무슨 일이든 아이가 싫어하는 것을 부모의 가치관으로 밀어붙여서는 안 된다. "어떤 상황이라면 아이가 싫어하지 않을까?"를 생각하자.

아이의 자존감과
자신감 수업

1. 아이가 구체적으로 불만을 이야기하면, 부모도 아이에게 조언하기 쉬워진다.
2. 서툴게 격려하기보다는 아이의 기분을 헤아려주면 아이의 마음도 빨리 진정된다.
3. 아이가 부모에게 거짓말을 했을 때는 아이에게만 문제가 있다고 단정 지을 수 없다.
4. 아이에게 용기를 심어주기 위해서는, 단순한 격려의 말보다 일화를 드는 것이 도움이 된다.
5. 하고 싶지 않다는 아이의 말은 표면적인 이유에 불과하다. 아이의 진심을 대화를 통해 제대로 알아내야 한다.
6. 아이가 무슨 일을 하기 전에 주저할 경우, 아이와 이야기를 나누다 보면 의외로 가까운 곳에서 원인을 발견할 수 있다.
7. '울면 어떻게든 된다'는 생각은 '난폭하게 굴면 어떻게든 된다'는 생각과 마찬가지다.
8. 부모의 취향이 곧 아이의 취향이 될 수는 없다. 부모의 가치관을 아이에게 그대로 밀어붙이지 말고, 먼저 아이와 의논할 줄 알아야 한다.

아이가 자신을 좋아하려면 부모에게서 조건 없이 인정을 받아야 한다. 부모의 사랑으로 자신을 좋아하게 된 아이는 자신의 외모를 두고 기분 나쁜 말을 들어도, 그것만으로 자신을 싫어하지는 않는다. '○○가 나 보고 못생겼다고 말하는 게 싫어!' 하고 생각해도 '난 못생겨서 가치가 없어.'라고 여기지 않는 것이다.

5장

성숙한
자녀교육을 위한
말하기 습관

1
위험한 물건을
자꾸 만지는 아이

만지지 못하게 막기 전에
만지는 방법을 배우게 하라

　요즘에는 초등학교에서 조리 실습을 해보기 전까지 한 번도 식칼을 손에 쥐어본 적이 없는 아이가 꽤 많다. 물론 이 아이들은 사과 껍질조차 벗기지 못한다. 이것은 부모가 '아이가 칼을 만지면 손을 다칠 위험이 있다'고 생각하기 때문이다.

　실패하더라도 도전하게 두는 편이 좋다. 엄마가 곁에 있는 한, 손가락을 자르는 그런 사고는 일어나지 않는다. 당근이라도 자르다가 칼이 가볍게 스치면서 손에 피가 나오면, "실수했구나." 하고 치료해주면 된다.

　그렇다고 무리하게 식칼을 쥐어주며 훈련시킬 필요는 없다. 대개 아이는 엄마가 하는 일에 흥미를 느낀다. 아이가 요리에 관심을 보인다면 아이 옆에서 사고가 일어나지 않게 지켜보면서 간단한 요리를 가르쳐주면 어떨까? 최근에는 아이 손에 맞는 작은 식칼도 판매되고 있으니 훨씬 안전할 것이다.

엄마 없이 아이 혼자 튀김 요리처럼 조금 위험한 요리를 만들면 크게 다칠 수도 있고, 불이 날 수도 있다. 그러므로 어른이 판단해서 미리 아이에게 주의하도록 가르쳐줘야 한다.

물론 위험한 요리를 아예 하지 못하게 하라는 것은 아니다. 아이가 뜨거운 컵에 손을 뻗으려 하면 "화상을 입을 수 있으니까 안 돼!"라고 하기보다 "이건 뜨겁단다. 조심해서 다뤄야 해."라고 말해보자. 그러면 아이는 '정말로 뜨겁네, 뜨거운 것을 만질 때는 주의해야겠구나.' 하고 깨닫는다. 또한 식칼을 만질 때도 "식칼은 위험하니까 만지면 안 돼."라고 말하지 말고, "식칼은 채소뿐 아니라 손도 벨 수 있단다. 그러니 이렇게 조심해서 다루렴." 하고 말하며 방법을 가르쳐주자.

아이가 하고 싶어 하면 위험하다고 해서 모두 막지 말자. 조금씩 새로운 일에 도전할 수 있도록 아이에게 힘이 되어주자.

② "게임은 나쁜 거야"라고 말하기 전에

게임의 해악을 설교하기 전에
게임의 매력을 경험해보자

하루에 몇 시간씩 게임 하는 아이가 있는 가정이라면, 부모는 이렇게 말하며 아이에게 야단을 칠 것이다.

"그렇게 게임만 하면 눈이 나빠지니까 그만둬!"

하지만 눈이 나빠지는 원인에 게임만 있는 것은 아니다. 공부를 하거나 책을 읽어도 눈은 나빠질 수 있다. 하지만 공부나 독서에 푹 빠진 아이를 야단치는 부모는 찾아보기 힘들다. 부모는 눈이 나빠질까 걱정하는 것이 아니라, 아이가 오랫동안 게임 하는 것이 싫은 것뿐이다. 그러니 어색하게 꾸며낸 듯한 이유를 대지 말고 사실대로 말하자.

"엄마는 네가 그렇게 오래 게임만 하는 걸 별로 좋아하지 않아."

"서너 시간이나 게임 하고 있으면 지겹지 않니? 엄마는 게임 소리만 들어도 머리가 아파진단다."

"게임 하는 시간을 줄이면 좋겠는데 시간을 정해서 할 수는 없겠니?"

눈이 나빠질까 봐 그런다는 거짓 이유가 아닌, 그만두었으면 좋겠다고 솔직하게 진심을 전한다면 아이는 따라줄 것이다. 그리고 아이가 스스로 결정한 일을 잘 지키면 "제대로 지켜주었구나." 하고 인정해주자.

더구나 게임에는 나쁜 면만 있지 않다. 반사 신경이나 추리력을 키우는 효과도 있을 수 있고, 무엇보다도 아이에게는 즐거운 놀이다.

"안 돼!"라는 말만 하지 말고 때로는 엄마도 같이 게임을 해보면, 아이가 어떤 점에 매력을 느끼는지 잘 알게 될 것이다.

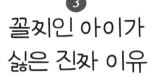

꼴찌인 아이가
싫은 진짜 이유

부모가 필사적으로 공부를 시키면
오히려 역효과를 불러온다

초등학교에 가면 아이별로 공부를 어디까지 했는지 교실 뒤편에 진도표를 만들어서 붙여놓은 광경을 가끔 볼 수 있다. 참관수업이나 학부모 모임 등으로 부모가 학교를 찾으면, 자녀의 진도가 걱정될 수밖에 없다. 그래서 아이가 집에 돌아오자마자 이런 말을 꺼낸다.

"진도가 꽤 늦네. 오늘부터 똑바로 해라. 이대로라면 꼴찌가 될지도 몰라."

아무리 타일러도 제대로 공부하려고 하지 않는 아이를 보면 엄마는 짜증이 난다. 그런데 한번 꼴찌가 되어보는 것도 좋지 않은가?

우리 아이가 꼴찌가 되는 것이 싫은 이유도, 사실을 따지면 부모가 창피를 당하기 싫어서가 아닐까? 하지만 부모가 필사적으로 아이의 엉덩이를 때려가며 공부를 시키면, 공부는 무조건 부모에게 맡기는 식이 되고 만다. 아이가 곤란한 일을 겪기 전에 부모가 나서는 꼴이 되는데, 아이는 곤란해질 일이 없으니 이러한 상황을 편하게 여길 수 있다. 결국 부모는 아무리 시간이 지나도 아이에게 "공부해!"라고 잔소리를 하는 것이다.

"지금 조금만 열심히 공부해두면 밑에서 10등은 할 수 있을지 몰라. 전혀 공부하지 않으면 꼴찌가 될걸? 네 생각은 어떠니?"라고 물어보면 좋다.

"나는 꼴찌라도 좋아요."라고 말한다면 지금처럼 그냥 내버려 두자. 그러면 나중에 심각한 점수의 성적표를 받을 것이다. 이때 "이것으로 좋니?" "어때, 아쉽지 않니?"라고 다시 한번 물어보자. 아이가 싫다는 반응을 보인다면, 아이는 실패에서 깨달음을 얻은 셈이다.

공부하지 않는 아이를 야단치거나 그대로 내버려 두는 것이 아니라, 이런 식으로 가끔 스스로 깨달을 기회를 주자. 아이가 마음을 내지 않을 때는 부모가 엉덩이를 때려도 움직이지 않는 법이다.

실패를 경험하면, 아이 스스로 '열심히 공부하자!'는 동기를 얻을 수 있다.

4
아이 방을 그만
치워줘도 될까?

아이 방을 치워주는 습관을 그만두면,
아이는 치우는 방법을 고민해본다

엄마가 상당히 지저분한 아이 방을 치우면서, "이렇게 방이 더러우면 교과서도 못 찾잖아. 책가방도 못 챙기겠다. 이렇게 엄마가 치울 때까지 아무것도 하지 않는다니까!"라고 아이를 야단치는 장면을 자주 본다. 하지만 교과서가 없어서 곤란한 사람은 아이다. 그렇다면 그 경험을 겪어보게 하는 편이 낫다.

가족 모두가 사용하는 장소라면 몰라도, 아이가 자기 방을 어지럽히는 것은 아이의 자유다. 엄마가 방이 깨끗하기를 바라더라도, 아이가 어질러져도 상관없다고 생각하면 어쩔 수 없다.

만약 아이가 물건을 찾지 못해 곤란해하면 그때 말을 꺼내면 된다.

"어떻게 할래? 방이 이런 상태라면 찾기 힘들겠구나. 엄마가 치우는 것을 조금 도와줄까?"

엄마와 아이가 함께 방을 치우다 보면, 아이는 방을 치우는 좋은 방법을 생각해낼 것이다.

"물건을 빨리 찾으려면 방을 어떻게 치우면 될까?"라고 물으면 더욱 좋지 않을까?

아무리 방이 더러워도 아이 스스로 곤란한 일을 겪지 않는다면, 아이를 야단칠 필요는 없다. 도저히 아이 방이 더러운 것을 참기 힘들다면, "엄마는 방이 깨끗했으면 좋겠어. 여길 치워도 되니?"라고 물어보면 된다.

그리고 아이가 장난감으로 거실이나 부엌을 어지럽힌다면 "이곳은 가족 모두가 쓰는 장소야. 좀 치워주겠니?" 하고 말을 걸어서 자기 방으로 장난감을 가지고 가게 하자.

"이렇게 그대로 두었다가 나중에 없어져도 엄마는 책임이 없어."라고 말하는 것도 좋고, 한번 경고했는데도 그대로 방치했을 때 처분하는 등 알맞은 규칙을 정하는 것도 좋다. 그러나 규칙은 실행 가능한 범위에서 정해야 한다. 협박은 아무런 의미가 없다.

⑤
사과를 가르치는
올바른 방법

사과의 방식이 아니라,
진심을 전하는 방법을 가르치자

자녀가 친구를 울렸다고 해보자. 울음을 터트린 친구의 엄마로부터 "우리 아이가 댁의 아이와 놀다가 울면서 돌아왔습니다."라는 말을 들었다면 어떻게 대처해야 할까?

사과하러 가기 전에 우선 자녀에게 사정을 들어보자. 친구를 울리고 싶어서 일부러 괴롭힌 경우는 적다. 예를 들면 팀을 나눠서 친구와 놀다가 어떻게든 이기고 싶은 나머지, 친구에게 "꾸물대지 마!" "바보! 절로 가버려!"라고 말해버렸을 수도 있다.

부모가 처음부터 "솔직하게 말해!" 하고 무서운 얼굴을 보이면, 아이는 엄마가 알면 곤란한 일을 숨기기 마련이다. 야단치려고 물어본 것이 아니라고 해도 말이다. 그전에 아이가 부모에게 실수를 터놓을 수 있는 신뢰 관계가 형성되어 있으면, 아이는 "실은 이런 일이 있었어요." 하고 사실대로 이야기해 줄 것이다.

자녀의 대답을 들으면 "넌 이기고 싶어서 열심히 한 거구나. 하지만 아이들이 모두 열심히 하기를 바랐다면, 그렇게 화내지 말고 다른 좋은 방법을 생각해봤어야지. 그렇지 않니?" 라고 상냥하게 말해주자.

그렇다면 고의든 아니든 자녀가 울린 친구에게 어떻게 사과하면 좋을까?

아이가 "사과할래요."라고 대답했다면, "그래. '다음에는 이렇게 하자'고 친구에게 말하면 좋을 것 같아."라고 가르쳐주자.

아이를 제쳐놓고 부모가 대신 사과하거나, 무리하게 데리고 가서 사과를 시키는 것이 아니라, 아이 스스로 사과해야겠다는 마음을 먹게 하는 것이 중요하다.

"내가 나쁜 게 아니에요. 그냥 열심히 한 것뿐이에요."라고 아이가 주장할지도 모른다. 그럴 때는 이렇게 말하자.

"그럼 네가 다른 처지였다면 어땠을까? 그런 말을 듣는다면 어떤 기분이 들까?"

"엄마는 그런 일이 있었을 때, 네가 친구에게 솔직히 미안하다는 말을 했으면 좋겠구나."

이렇게 말하고, 아이에게 잠시 생각할 시간을 주자.

6
비 오는 날 밖에서
놀고 싶어 하는 아이

곤란한 일을 피하게 도와주지 말고
아이가 직접 경험해보게 하자

비가 주룩주룩 내리는 날에 아이가 현관 밖으로 뛰어나가려고 한다. 이때 많은 엄마가 다음과 같이 말하며 막으려고 할 것이다.

"안 돼. 이런 날에 밖에서 놀면 감기 걸리잖니!"

감기 걸리는 일이 뭐 그리 대수인가! 사실 아이는 비 오는 날에 밖에서 놀면 어떻게 되는지 실제로 경험해보지 않았기에 잘 모른다. 친구가 아무도 없어서 재미없다며 그냥 돌아올 수도 있고, 넘어지거나 흠뻑 젖어 울면서 돌아올지도 모른다.

이것도 다 좋은 경험이다. '비 오는 날에 밖에 나가면 별로 좋은 일은 없구나.' 하고 깨달을 수 있기 때문이다. 부모가 가르쳐줘서 실패를 피하기보다는 스스로 행동한 후 실패를 겪으면서 배우는 쪽이 중요하다.

어쩌면 "즐거웠어요!" 하고 말하면서 돌아올지도 모른다. 주룩주룩 내리는 빗속에서 물놀이를 하거나 큰 나무 아래에서 비를 피하며 주변을 바라보는, 아이 나름대로 신선한 놀이를 발견할 수 있었다면 좋은 일이다. 놀이의 재능을 키울 수 있는 아이는, 그 후 다양한 일에서 그 힘을 발휘할 수 있다.

문제는 온몸에 흙탕물이 튄 채 돌아왔을 때다. 새카만 신발과 옷 그리고 더러운 손. 엄마는 당장이라도 입 밖으로 "그렇게 옷을 더럽히면 어떡하니! 손도 더럽고, 얼굴도 더럽고! 그래서 엄마가 나가지 말랬잖아!" 하고 소리치고 싶을 것이다. 그렇게 소리치고픈 마음은 그 뒤처리가 자신의 몫이라는 생각에서 비롯된 것이다.

그렇다면 조금이라도 그 책임을 아이에게 지게 하면 어떨까? 수건이라도 건네주면서 욕실에서 직접 옷이랑 몸을 씻게 해도 좋지 않은가. "혼자서 잘 씻었구나. 옷은 세탁기에 넣어두렴. 흙탕물을 씻어줘서 엄마가 큰 도움이 되었단다."라고 말해준다면 아이는 앞으로 '자신의 일은 스스로 하자.' 하고 생각할 것이다.

한편 이럴 때를 대비해서 더럽혀도 되는 옷을 준비해두었다가 비 오는 날 밖에서 놀고 싶어 하는 아이에게 입혀주면 어떨까? 이런 것도 부모의 지혜다.

⑦ 놀림받는 아이에게
도움을 주는 방법

**보복이 아닌 진심을
전하는 방법을 가르치자**

친구들이 자녀에게 마음에 안 드는 별명을 부르거나 겨우 한 번 실수한 일로 자꾸 놀린다면, 자녀는 큰 고통을 받을 것이다.

이러한 이야기를 들은 부모가 곧장 나서서 "선생님, 애들이 우리 아이에게 이런 별명을 지어주었다고 합니다. 좀 그만두게 해주세요."라고 말하는 경우가 있다. 하지만 아이가 싫은 경험을 할 때마다 부모가 출동해서 처리한다면 아이는 스스로 일어날 힘을 키울 수 없다.

반대로 "그런 말을 들었으면 너도 똑같이 갚아주면 되잖아!"라든지 "너도 참 패기가 없구나. 무슨 일이 있으면, 상대방을 세게 노려봐. 싫은 일을 당했을 때는 갚아줘야 무시당하지 않는 거야!"라고 불온한 말을 하는 부모도 있다.

이래서는 싫은 일을 당하고 있는 아이가 마치 잘못한 것처럼 보인다. 말로 갚아주라든지 똑같이 상대가 싫어할 만한 별명을 지어주라든지 하는 등의 힘에 의한 '보복'은 해결책이라고 말할 수 없다. 힘과 힘의 경쟁이 언제까지나 계속될 뿐이다. 갚아주는 방식이 아니라, "그만했으면 좋겠어!"라고 표현하는 것이 아이가 할 수 있는 진정한 용기가 아닐까?

"그런 말을 듣는 것이 싫으면 그만두라고 말하면 어떨까?" 하고 아이에게 제안하자. 아이가 말을 꺼내기 힘들어하면 엄마가 연습 상대를 해주면 좋다.

"그런 식의 말을 듣는 게 난 싫어. 그러니 좀 그만하지 않을래?"라고 자신의 기분을 표현할 수 있도록 용기를 심어주자. 그때 상대를 노려보거나, 주먹을 쥘 필요는 없다. 고개를 숙이지 말고 상대를 똑바로 마주 보면서 말하면 된다. 능숙하게 멋진 말을 꺼내지 못하고 더듬거리면서 말하더라도 '그만해줘!'라는 마음이 전달되면 그것으로 충분하다.

상대가 한번 말하는 것으로 그만둘지 어떨지는 잘 모른다. 그래도 전달하는 일이 가능했다면 "스스로 말할 수 있었구나!" 하고 인정해주자. 그러면 아이는 자신감을 얻게 된다.

중요한 것은 아이 스스로 싫다고 말할 수 있어야 한다는 것이다. 하지만 부모의 도움이 필요하다고 생각되면 부모가 선생님에게 한 마디 전하는 방법도 좋다.

거절할 줄 알아야 하는
본질적인 이유

**거절하는 습관이
나쁜 일을 막는다**

아이 중에 거절에 서툰 아이가 많은 것 같다. 상대의 권유를 거절하는 일을 그 상대를 거절하는 일로 여기기 때문이다. 누군가의 부탁이나 권유를 거절하면 다시 친구가 될 수 없을지도 모른다는 걱정에서 비롯된 일이다.

자신의 부탁이 거절당했을 때는 상대에게 사정이 있는 법이다. 마찬가지로 거절할 때도 자신의 사정을 이야기하며 거절하면 된다. "오늘은 이런 일 때문에 갈 수 없어. 나중에 또 초대해줘."와 같이 말이다.

최근에는 초등학생 때부터 친구들에게 "너 술 먹어봤어? 마셔볼래?" 또는 "담배 한 번 피워봐." 하는 권유를 받을 때도 있다. 또 물건을 훔치자는 권유를 받는 경우도 있다.

아이가 물건을 훔치는 행동은 대개 세 가지 유형으로 나눌
수 있다.

첫째, 단순한 호기심으로 친구와 해보는 경우.

둘째, 갖고 싶은 물건이 있는데 돈이 없어서 훔치는 경우.

셋째, 일부러 '나쁜 아이'임을 보여주려고 훔치는 경우.

초등학생이라면 대개 첫째에 해당한다.

술이든 담배든 절도든 아이가 제대로 거절할 수 있어야 한
다. 이런저런 변명을 늘어놓지 말고, "하고 싶지 않아!" "관심
없어!" 하고 한 마디로 자신의 마음을 표현해서 그 자리를 벗
어날 수 있도록 가르쳐야 한다.

아이가 잘하지 못하겠다고 하면 엄마를 상대로 해서 거절
하는 연습을 해보는 것도 좋다. 물론 동시에 술과 담배가 어떤
식으로 몸에 나쁜지, 물건을 훔치는 것이 왜 잘못되었는지를
제대로 설명해줘야 한다.

9

아이가 전학을 가는 것이
걱정이라면

전학이 새로운 인간관계를
만들 기회가 될 수 있다

일자리 때문에 아빠 혼자 다른 지방에 전근 가는 경우가 많다. 개인적으로 이러한 사례가 좋지 않다고 생각한다. 간단히 전근을 가라고 명령을 내리는 회사도 큰 문제지만, 전근을 가게 되면 대개 엄마는 이렇게 말한다.

"아이를 지방으로 전학시키는 것은 불쌍하잖아요."

결국 아빠 혼자 전근을 가게 된다.

실제로는 엄마가 가고 싶지 않은 것이 아닐까? 이야기를 들어보면, 일종의 '아빠 쫓아내기'처럼 보인다. 아빠의 존재감이 희미해져 가는 가정이 많은 것도 하나의 이유일 수 있겠다.

물론 아이 입장에서 자신에게 익숙한 지역을 벗어나 새로운 지역의 낯선 학교에 적응하기는 분명히 힘들 것이다. 하지만 아이가 낯선 곳에서 실패할 위험성과 아빠를 가정에서 배제하는 위험성, 이 두 가지 중 어느 쪽이 더 큰지 다시 한번 생각해보자.

낯선 곳으로 전학을 가는 것이 오히려 새로운 환경에서 아이가 여러 친구를 만들 기회가 되지 않을까?

"우리 아이는 다른 아이들과 잘 어울리지 못해서….."

많은 엄마가 이런 걱정을 하지만, 아이들도 각자 나름대로 생각이 있다. 그러므로 자녀가 다른 아이들에게 기준을 맞추면서 무조건 동화되기를 바랄 수 없다. 아이들만의 속도로 친구들을 사귀고 친해지면 되는 것이다.

사람은 항상 똑같은 상황과 조건에서만 살 수 없다. 서로 다른 환경에서 어떻게 적응하고 조화를 이룰 수 있는지가 아이의 인생에 중요한 열쇠가 된다. 국제화 시대로 여러 나라의 사람들과 교류할 기회가 점점 많아지고 있다. 문화도 가치관도 생활양식도 다른 사람들과 서로 필요한 때 도움을 주는 관계를 어떻게 만드느냐가 중요하다.

아이에게 있어서 전학도 새로운 가치관과 생활양식을 마주하는 일이다. 이를 통해 아이는 새로운 인간관계를 맺을 수 있다. 아이가 "친한 친구들과 헤어지는 것이 싫어!"라고 말했을 때, 아이에게 용기를 심어줄 수 있는 그런 엄마가 되기를 바란다.

"학교는 달라져도 여전히 친구로 지낼 수 있단다. 놀러 오라고 할 수도 있고, 네가 놀러 갈 수도 있잖아. 편지도 쓸 수 있어."라고 말하면서, 새로운 학교에서는 어떤 친구가 생길지 이야기를 나눠보면 어떨까?

10
외모에 열등감을
가진 아이

**부모의 애정과 관심으로
아이의 고민을 덜어내자**

"뚱보!" "넌 못생겼어!"라며 친구를 험담하는 아이들이 있다. 옛날부터 흔히 볼 수 있었다. 상황에 따라서 그런 말을 들은 아이는 꽤 큰 상처를 입는다. 상처를 입지 않더라도 기분이 좋지 않은 것만은 틀림없다.

"애들이 저 보고 못생겼대요. 난 이런 코가 싫어!"라고 아이가 고민한다면, "네 눈은 예뻐. 엄마는 그런 눈을 가진 널 정말 좋아해!"라고 말해주자. 눈만이 아니라 어떤 것이든 좋다. "엄마는 너를 아주 좋아해!"라고 애정을 보여주자.

아이가 자신을 좋아하려면 부모에게서 조건 없이 인정을 받아야 한다. 부모의 사랑으로 자신을 좋아하게 된 아이는 자신의 외모를 두고 기분 나쁜 말을 들어도, 그것만으로 자신을 싫어하지는 않는다. '○○가 나 보고 못생겼다고 말하는 게 싫어!' 하고 생각해도 '난 못생겨서 가치가 없어.'라고 느끼지 않는 것이다.

만약 아이가 누구에게서 외모에 관해 놀림을 받았다면, 다음과 같이 말해주자.

"그런 말을 들으면 당연히 싫겠지. 만약 네가 다른 아이에게 뚱뚱보라든지 못생겼다는 말을 했다면 엄마는 슬펐을 거야. 네가 그렇게 말하지 않아서 다행이야. 엄마는 너를 아주 좋아한단다."

한편 뚱뚱하다는 말을 듣고 살을 빼고 싶어 하는 아이가 있을 수 있다. 칼로리가 높은 간식만 지나치게 먹어서 비만이 된 아이라면, "그럼 엄마도 도와줄까?"라고 말하면서 식단을 함께 고민해보면 좋을 것이다.

요즘에는 날씬한 몸에 비해 건강에 문제가 많은 사람이 늘고 있다. 텔레비전이나 잡지를 봐도 초등학생이 동경하는 10대 연예인은 대부분 너무 말랐다 싶을 정도의 체형이다. 텔레비전을 늘 보는 아이가 "아, 나도 살 빼고 싶다!" 하고 말을 꺼내는 마음이 이해된다. 하지만 무조건 날씬할 필요는 없다는 것을 자녀에게 이해시켜야 한다. 초등학생 때부터 무리한 다이어트를 해서 섭식장애에 걸리는 아이도 있기 때문이다.

성장기 아이가 건강하게 자라기 위해서는, 충분한 영양이 필요하다. "살을 빼는 데 가장 좋은 것은 운동이란다."라고 말해주면 어떨까? 예를 들면 만보계를 사주면서 하루에 몇 보 걸었는지 확인하는 것도 좋다.

"열심히 걸으면 살이 빠질지도 몰라. 저 여배우도 걷는 운동을 하고 있대."

이런 식으로 용기를 심어주는 것도 좋은 아이디어다.

⑪
아이는 정말
아빠를 싫어할까?

아빠의 어디가 싫은지,
아이의 이야기를 들어보자

고학년이 된 여자아이는 대개 아빠와 대화를 나누고 싶어하지 않는다. 때로는 "아빠 싫어!"라고 말하기도 한다.

이렇게 말하는 것은 일시적인 현상이므로, 굳이 간섭할 필요 없이 지켜봐도 된다. 하지만 애가 타서 안달하는 엄마도 있다. 식탁 앞에서 아빠와 충분히 이야기를 나누지 않고 "학교는 어때?"라는 아빠의 질문에 대답도 하지 않기에, '우리 애가 이렇게 반항적이 되다니 어떻게 하지?' 하고 고민하는 것이다. 그래서 "아빠와 제대로 이야기 좀 해라!"라고 야단을 치기도 한다.

그렇게 걱정이 된다면 아이에게 이유를 물어보면 어떨까?

"아빠의 어디가 싫어?"

신문을 읽으면서 밥을 먹는 것이 싫다, 설교가 길어서 싫다, 화장실을 혼자 점령해서 싫다, 나에 대해서 전혀 모르기 때문에 싫다 등 여러 가지 이유가 있을 것이다.

이런 말을 들으면 "아, 너는 아빠의 그런 점들이 싫었구나." 하고 말해보자. 그리고 아빠 자체가 싫은 게 아니라, 아빠의 그런 행동이 싫다는 것만 확실히 해두자.

그다음은 아빠와 아이가 해결할 문제이므로, 아이가 아빠에게 불만을 말하고 싶다면 그렇게 하면 된다. 엄마가 굳이 대변할 필요는 없다.

아이에 따라서는 "엄마는 왜 아빠와 결혼했어요?" "헤어지면 좋을 텐데."라는 말을 꺼낼지도 모른다. 이것은 부부 문제이기 때문에, 아이가 말을 꺼낼 일은 아니다. 아빠의 어디가 좋은지 오랫동안 설명해도 아이는 어차피 듣지 않기 때문에 이럴 때는 간단히 설명하라.

"부부라서 좋아해."

반대로 엄마가 아이에게 "사실은 아빠와 헤어지고 싶지만, 아빠가 없으면 너는 싫지?"라고 묻는 일도 있다. 그런 문제를 아이의 책임으로 돌리거나, 부부 문제에 관해 아이에게 의견을 요구해서도 안 된다. 그것은 온전히 부모가 책임져야 할 일이다.

12

자신과 맞지 않는
선생님 때문에 고민인 아이

싫은 사람과 어울리는
방식을 배우게 하라

"저 선생님이 싫어. 반 아이들을 차별한단 말이야."

자녀가 이런 말을 꺼냈을 때 "정말 그건 큰일이구나. 어떻게든 해야겠네." 하고 부모가 직접 나서는 경우가 최근 늘어난 모양이다. 이외에도 어떻게든 선생님과 아이를 사이좋게 하려고 다음과 같은 말로 설득하기도 한다.

"그런 일은 없을 거야. 저 선생님도 좋은 분이야. 너희들을 생각해서 열심히 하고 있잖니."

하지만 이런 경우 무리해서 선생님을 감쌀 필요는 없다.

그렇다고 "정말 그래. 다른 엄마한테도 들었지만, 저 선생님은 평판이 좋지 않아."라고 말하는 것도 곤란하다. 결국 아이는 선생님에게 불신감을 가지게 된다.

아이가 선생님을 비판했을 때는 그 비판에 섣불리 동참하지 말고, "너는 그렇게 생각했구나."라고 말해주자. 그렇게 생각하는 것은 아이의 자유이기 때문이다. 초등학교 6년간, 아이가 좋아하는 선생님만 만날 수는 없다. 신문에 실릴 만한 사건을 일으킨 선생님이라면 몰라도, 수업 방식도 아이들을 대하는 방식도 선생님에 따라서 다양하다. 아이와 맞지 않는 선생님이 있는 것도 당연하다.

학교도 말하자면 세상의 축소판이다. 훌륭한 사람만 만나기를 바라는 것은 무리다. 오히려 자신과 맞지 않는 선생님과 잘 지내는 방법을 배우는 일이 중요하다.

"엄마는 선생님이 너를 편애하지 않는다는 게 다행이라고 생각해. 편애를 받으면 나중에 다른 선생님으로 바뀌었을 때 실망할지도 모르잖아."

"학교에는 담임선생님만 있는 것이 아니란다. 친구도 있고, 음악이나 미술 선생님도 있고. 담임선생님을 좋아하지 않는다면, 무리해서 친해지려고 애쓰지 않아도 될 것 같은데."

이렇게 아이의 마음을 어루만져주자.

"아무리 싫어해도 그러면 안 돼. 좋아지려고 노력을 해야지."라고 말해도 실제로 그렇게 되기 어렵다. 하지만 선생님이 싫어서 수업시간에 공부를 게을리해도 좋다든지, 시끄럽게 해서 반 아이들에게 불편을 끼쳐도 좋다는 식으로 말해서는 안 된다.

의외로 초등학교에서는 "난 저 선생님이 싫어!"라고 친구들에게 말하고 있더라도, 사소한 일로 선생님에게 "잘했구나!" 하고 인정을 받으면 선생님에 대한 미움을 내려놓기도 한다. 쉽게 마음을 변하는 일도 있으니 크게 걱정하지 말자.

13
아이의 고민을 듣기 위해서 해야 할 일

아이에게 캐묻기보다
진심으로 걱정하는 편이 낫다

요즘 아이가 왠지 힘이 없다. 멍하니 딴생각을 하는 것 같고, 식욕도 없는 것 같다.

이런 경우 엄마로서 걱정하지 않을 수가 없다.

"무슨 일이 있었니? 제대로 이야기해보렴. 학교에서 무슨 기분 나쁜 일이라도 있었니?"

아마 필사적으로 이유를 알고 싶어 할 것이다.

아이가 "아무것도 아니야."라고 대답했다고 "아, 그래?" 하고 쉽게 물러설 수 있는 문제도 아니다. 결국 "아무것도 아닐 리가 없잖아. 무슨 일이 있었다면 제대로 이야기 좀 해봐!" 하고 계속 캐물으려 할 것이다.

하지만 아이도 우울할 때가 있고, 초등학교 고학년이 되면 무엇이든지 부모에게 털어놓으려고 하지도 않을 것이다. 아이도 성장해가기 때문이다.

"고민이 있는 모양이구나. 엄마가 해줄 수 있는 일이 있을까?"

우선 이런 식으로 말을 걸면 좋지 않을까?

아이가 "그냥 내버려 두세요."라고 말할지도 모른다. 한동안 그냥 두다 보면 아이 나름대로 문제를 해결하는 일도 많다.

만약 계속 걱정된다면, 엄마의 마음을 말해보자.

"요즘 힘이 없는 것 같아서 엄마는 네가 걱정이야. 엄마에게 이야기해주면 엄마가 도와줄 만한 일이 있을 것 같은데."

"네가 밥도 남기고 밤에도 잘 자지 못하는 것 같아서 굉장히 걱정된단다. 어떻게 된 일인지 이야기해줄래? 돕고 싶어."

부모에게 털어놔서 도움을 받고 싶다면 아이는 이야기를 꺼낼 것이다. 이때 부모는 '분명히 이래서 그럴 거야.'라고 미리 단정 짓거나 무리하게 캐묻는 등 섣불리 행동하지 말아야 한다.

14
학교에 가지 않는 것을
탓하기 전에

학교에 가려는 아이의
노력을 칭찬해주자

학교에서 무슨 안 좋은 일이 있었는지 아이가 학교에 가고 싶지 않다고 말한다. 이럴 때 "좋아. 가고 싶지 않으면 쉬렴." 하고 대답하는 부모는 없을 것이다. 사실 쉬라고 말하는 것도 무책임한 대응이다.

그럴 때는 "왜 가고 싶지 않니? 엄마에게 이유를 말해줄래?"라고 물어보자. 무서운 얼굴을 하고 추궁하는 것이 아니라, 그냥 평소처럼 물으면 되는 것이다.

배가 살살 아프다든지 머리가 지끈거린다고 한다면, "거짓말이지?"라고 화내지 말고 병원에 데리고 가자. 많은 의사가 "큰 문제는 없어 보이지만, 조금 쉬면서 상황을 볼까요?"라고 말해줄 것이다. 이것으로 학교를 쉴 수 있는 이유가 생긴다. 그러면 학교에 가는 것이 괴롭고 꾀병이라는 중압감까지 받아야 하는 아이의 부담감을 조금 덜어줄 수 있다. 일단 며칠 쉬게 되면 기력도 회복할 것이다. 이때 "몸도 좋아진 것 같으니 내일부터 학교에 갈래?"라고 말을 걸면, 의외로 아이가 "응!" 하고 대답할 수도 있다.

아이에게 왜 학교에 가고 싶지 않은지 물어도 "몰라요." "그냥 가기 싫어요."라고 대답하는 경우가 많다. 어른들이 아무런 이유 없이 피곤해서 움직이고 싶지 않을 때와 같은 것이다. 이럴 때는 아이에게 "잘 모르겠지만 그냥 가고 싶지 않은 거구나."라고 말하는 수밖에 없다.

학교에 갈지 안 갈지를 결정하는 것은 아이 자신이다. 가기 싫다고 하는데, 부모가 무리하게 학교에 보내는 것도 현명한 선택은 아니다. 어떤 중학생은 부모가 자꾸만 학교에 가라고 해서 현관 밖을 나섰지만, 학교에는 차마 가지 못하고 지하철을 타고 빙빙 돌다가 오후 3시쯤에 집에 돌아온 적이 있다고 한다.

학교에 가기 싫은 데다가 집에서조차 쉴 수 없다면 그것만큼 불쌍한 일이 또 있을까? 오히려 집에서 안심하고 편안하게 쉬는 편이 학교에 갈 마음도 빨리 생길 것이다.

학교를 쉴 때는 집에서 어떻게 지내는지, 그 방식이 문제가 된다. 이때 부모는 큰 소동을 피우지 말고, 평소대로 하는 것이 좋다.

"학교를 쉰다면, 모처럼 집에서 엄마를 도와주겠니?"

이렇게 부탁해도 좋고, 엄마에게 일이 있을 때는 아이에게 집을 보라고 부탁해도 좋다. 한동안 같이 놀아주는 방법도 있다. 아이가 충실하게 시간을 보낼 방법을 생각해보자.

집안일을 도와달라고 할 때는 결코 '학교를 쉰 벌'로서 강요하는 것이 아니라, '부탁'을 해야 한다. 학교를 쉬어서 떳떳하지 못한 기분이 든 아이는 엄마가 부탁하면 응해줄 것이다.

아이가 도와주었다면 "도움이 됐구나. 학교는 쉬었지만, 엄마를 많이 도와주었네."라고 말해주자.

한편 "내일은 갈 수 있겠니?"라고 말을 걸었을 때 "갈래요."라고 말하면서 학교 갈 준비를 하고는 다음 날에 다시 학교에 가기 싫다는 아이도 있다. 그럴 때는 "왜 또 그래?" 하고 야단치지 말고, 적어도 아이가 학교에 가려고 노력한 점을 인정해주자.

만약 왜 학교에 가고 싶지 않은지 아이가 이유를 이야기하면, 아이의 말을 끊지 말고 일단 이야기를 끝까지 제대로 들어보자.

"엄마에게 솔직히 말해줘서 고마워."라고 말하면서, 함께 대책을 생각하면 좋다.

괴롭힘을 당하는 아이를 위한
부모의 태도

**문제를 해결하려고 나서기 전에
아이의 생각을 물어보자**

친구들에게 따돌림이나 괴롭힘을 당하고 있는 아이는 그 사실을 부모에게 잘 말하지 않는다.

만약 아이가 그런 일을 당하는 것 같다면 "엄마가 걱정되어서 말이지. 도와줄 수 있는 일이 있으면 언제든지 말해주렴." 하고 말을 걸면서 며칠 동안 아이를 지켜보자. 무리하게 이야기를 들으려고 하지 말고, "걱정하고 있다." "도움이 되고 싶다."고 말하면 아이도 이야기할 마음이 생길 것이다.

아이가 실제로 따돌림이나 괴롭힘을 당하고 있다는 사실을 알았을 때는, 우선 아이의 마음을 그대로 인정해주자.

"정말 잘 이야기해주었구나."

"그동안 정말로 괴로웠겠구나."

"왜 빨리 이야기하지 않았니?" "너한테도 어딘가 나쁜 점이 있는 것은 아니니?" "괴롭혀도 절대로 지지 말아라" 등, 아이를 탓하는 말은 입에 담지 마라. 괴롭힘을 당한 아이는 이미 '나는 이것밖에 안 돼.'라는 생각으로 힘들어하는 상태다.

"엄마는 네 편이야."라고 응원하면서, 아이에게 진심을 전하라. 그리고 아이의 이야기를 충분히 들어주자. 그런 다음에 아이에게 물어보자.

"엄마는 선생님에게 상담하러 가고 싶은데 어떻게 생각해?"

아이가 "제가 어떻게든 할게요."라고 말할지도 모른다. 그렇다면 한동안 지켜봐도 좋고, 다시 한번 이런 식으로 말해도 좋다.

"그럼 너 스스로 해보겠니? 그렇다면 네가 부탁을 해서가 아니라, 반 전체의 문제니 다른 아이를 위해서라도 엄마가 선생님과 이야기를 하고 싶은데, 괜찮겠니?"

선생님에게는 이런 식으로 부탁하면 좋다.

"우리 아이가 친구들에게 괴롭힘을 당하고 있어요. 지금 많이 힘들어해요. 이 반에서 그런 일이 없어지기 위해서, 제가 뭔가 할 수 있는 일이 있으면 돕게 해주세요."

아이 대신 문제를 해결하는 것이 아니라, "어떻게 하면 좋을지 너도 생각하렴. 엄마도 생각해볼게. 선생님도 생각하신대."라고 말하자.

자녀를 괴롭히는 학생의 부모에게 연락해보는 것도 효과적인 방법이다. 괴롭히고 있는 아이의 부모도 대개 곤란해하고 있을 것이다.

"댁의 아이가 우리 아이에게 뭘 한 겁니까?"라고 탓하는 것이 아니라, 아이들 문제로 상담하고 싶다고 다가가서 이야기를 나눠보자. 차라도 마시면서 정보를 교환하고, 마음 편하게 서로 연락을 취할 수 있는 관계를 만드는 일이 중요하다.

초등학교에서는 부모끼리 사이좋게 지내면, 아이들도 서로 괴롭히거나 따돌리는 일이 많이 줄어든다.

16

친구 사이에
트러블이 생겼다면

장난과 괴롭힘을
구분할 줄 알아야 한다

종종 체육복이나 학용품을 숨기는 등 못된 장난을 치는 친구가 있다. 장난을 치는 아이는 재밌을지 몰라도, 당하는 쪽은 곤란하기도 하고 매우 불쾌하기도 하다.

"그런 행동을 하는 아이가 있다니. 내가 선생님에게 연락해볼까?"

이렇게 물었을 때 아이가 "네, 그렇게 해주세요."라고 한다면, 선생님과 상담하면 좋다.

반면 아이가 "내가 어떻게든 할 테니까 됐어요."라고 말한다면, 일단 그렇게 하기로 하고 상황을 지켜보자. 자녀가 선생님에게 직접 말할지도 모르고, 숨긴 아이가 누구인지 짐작이갈지도 모른다. 또는 학급모임 등에서 "물건을 숨겨서 너무 곤란했어. 앞으로 그러지 마." 하고 말을 꺼낼 수도 있다.

한참 지나서 아이에게 "어떻게 되었니?" 하고 물어보고, 다시 그런 일을 당하지 않았다고 하면 "잘됐구나. 네가 직접 해결했네."라고 인정해주면 좋다. 그러나 아직 같은 일을 당하고 있다면, 부모가 나설 때인지도 모른다.

"이젠 슬슬 엄마가 선생님에게 이야기하는 편이 좋다고 생각하는데."라고 아이의 양해를 구하자. 그다음은 학교에서 어떻게 지도하느냐의 문제다.

단순한 장난이 아니라, '괴롭힘'을 당한 정도라면 아이가 간단히 그만해달라고 말하기 어렵다. 그렇다면 장난을 치는 수준과 괴롭히는 수준의 차이는 무엇일까?

사실 확실한 정의는 없다. 아무리 상대가 장난을 치고 있었다 해도, 아이가 '괴롭힘을 당하고 있다'고 느낀다면 그것은 어엿한 괴롭힘이다.

괴롭힘을 당한다고 느끼는 행동은 구체적으로 어떤 것을 가리킬까? 아이가 '나는 이곳에 있을 가치가 없어.'라는 느낌을 받게 되는 경우다. 자신의 존재 자체를 부정당하는 일만큼, 아이에게 상처가 되는 경험도 없다.

부모의 실수를 인정하면
아이가 부모를 무시할까?

**부모가 실패를 인정하면 아이도
자신에게 솔직해질 수 있다**

햄을 먹으려고 냉장고를 열어보니 분명 많이 남아 있어야 할 햄이 없다. "또 먹었구나!" 하고 아이를 야단쳤는데 알고 보니 몰래 꺼내 먹은 사람은 아빠였다면 어떻게 해야 할까?

이때 아이에게 "네가 항상 냉장고에서 마음대로 꺼내 먹어서 의심을 받는 거야."라며 변명하지 마라. 바로 미안하다고 사과하자. "엄마가 잘 생각해보지 않고 속단했네. 앞으로 조심할게."라고 사과하면 된다. 그러면 아이도 '아, 엄마도 무심코 틀릴 수 있구나. 그렇다면 내가 그렇게 틀리는 것도 어쩔 수 없는 건가 봐.' 하며 안심할 것이다.

사과하면 아이에게 무시당한다고 생각하는 부모도 있는 듯하다. 하지만 아이가 그럴 일은 없다. 오히려 아이에게 사과할 수 있는 용기를 가진 부모가 더욱 필요하다.

부모가 끝까지 실패를 인정하지 않고, "평소에 제대로 하지 않으면, 무슨 일이 있을 때 오해받을 수 있어. 이제 알았겠지? 조심해."라고 설교하면, 아이도 그런 부모의 태도를 흉내 내게 된다. 어떤 일에서 실패하더라도 그것을 인정하지 않고 고집을 부리거나, 누군가에게 폐를 끼치고는 일말의 미안함조차 느끼지 못하게 되는 것이다. 무엇보다도 잘 해내지 못한 자신을 인정하지 못하고, 그러한 자신을 싫어할 수 있다.

부모가 솔직하게 실패를 인정한다면 "엄마 아빠도 실수하는구나. 반드시 실수하지 않아야 하는 건 아니네." 하고 안심한다. 그러면 아이도 자신의 실패를 인정하면서, 그러한 자신을 싫어하지 않을 것이다.

18
아이에게
실언을 했다면

**부모의 실언도 아이와
대화를 나누는 기회가 된다**

말을 안 듣는 아이에게, 자기도 모르게 화가 나서 "이젠 네 마음대로 해!"라고 말한 적이 있는가?

어떤 엄마가 자녀를 데리고 어린 조카와 함께 동물원에 놀러 가기로 했다. 그런데 자녀가 "동물원 같은 곳은 재미없어!"라고 말한다. 이왕 외출한다면 놀이기구가 있는 유원지가 좋았겠지만, 어린 조카가 기린이나 코끼리를 보고 싶어 해서 동물원을 고른 것이다. 엄마는 자녀의 투정에 화가 났다.

"동생이랑 함께 가잖아. 동물원에 가야 해."

"그럼 난 안 갈래요. 차라리 친구와 노는 게 더 좋아요."

"너 자신만 생각해서는 안 돼. 모두 함께 가는 거니까."

"싫어요. 가고 싶지 않아요."

"그렇다면 네 마음대로 해!"

이런 말이 나오는 것은, 엄마 마음속에 '자녀가 내 생각대로 움직여줬으면 좋겠다.'는 지배의 마음이 있기 때문이다. 그래서 아이가 자기 생각대로 움직여주지 않으면 "이젠 됐어!"라고 말하는 것이다. 이 점에 대해서 다시 생각해 볼 필요가 있다. 아이는 부모 생각대로 움직이는 인형이 아니다. 또 그렇게 만들려고 해서도 안 된다. 아이의 반론을 인정하지 않는 것은 "로봇이 되어라!"라고 말하는 것과 같다.

이러한 점을 명심한 다음에 대화를 나누자.

"아까는 나도 모르게 화가 나서 네 마음대로 하라고 말했는데, 정말 미안해. 그렇게 말한 건 엄마가 잘못했어. 넌 너대로 생각이 있는데 말이야."

엄마가 솔직하게 실수를 인정한다면, 아이도 솔직하게 이야기를 들을 마음이 생긴다.

"그래, 너는 유원지에 가고 싶구나."

이러한 방식으로 아이의 말을 처음부터 부정하지 말고, 제대로 듣고 있다는 것을 표현하는 것이 중요하다.

"조금 양보해줄 수 없겠니? 엄마는 모두와 함께 가고 싶어. 네가 어린 친척 동생을 보살펴준다면, 정말 큰 도움이 되겠는데."

"이번에 네가 양보해주면, 다음 달에는 유원지에 가도록 할게."

아이에게 "이렇게 해라.""이렇게 해야만 한다."고 명령하는 것이 아니라, 엄마의 마음을 전하는 것이다. 양보를 부탁한다면 타협안도 제시해야 한다.

아이는 기본적으로 엄마를 기쁘게 하고 싶어 한다. 엄마가 도움이 된다고 말하면서 부탁한다면, 아이의 마음이 움직일 것이다.

이런 식으로 이야기를 나눈다면, 서로에게 주장을 강요하는 대신, '서로 양보하는 것'을 배우는 좋은 기회가 된다.

그래도 아이가 동물원에는 가고 싶지 않다면 어쩔 수 없다. "그럼 혼자 집을 지켜야 하는데 그래도 괜찮겠니?" 하고 자신의 말에 책임을 지게 하자. 그리고 아이가 할 수 있는 범위에서 집을 지키는 방법을 가르쳐주자. 점심 식사는 미리 준비해 두고, "밖에 나가지 말고 문을 잠그고 집에 있어라.""오후가 되면 빨래를 걷으렴." 하고 부탁하는 등, 아이의 나이에 따라서 여러 가지 일이 가능할 것이다.

아이는 조금 불안한 마음이 생기거나 재미없다고 느낄 수도 있고, 자신의 결정을 후회할지도 모른다. 그럴 때도 "그러니까 내가 가자고 말했잖아."라고 혼낼 필요는 없다.

"힘들었구나. 하지만 너 스스로 선택한 일이잖니."라고 말한다면 아이도 충분히 이해한다. 다음에 똑같은 일이 있으면 어떻게 할지 스스로 생각하게 될 것이다.

19

아이를 때렸을 때
대처방법

**아이를 때린 자신이 아니라,
아이를 때리게 만든 방식을 반성해야 한다**

아이가 여러 번 말해도 말을 잘 듣지 않아서, 그만 "왜 넌 항상 그 모양이니!"라고 말하며 때리고 말았다면 어떻게 해야 할까?

이때 성실하고 열정적으로 자녀교육을 하는 엄마일수록, "아이를 때리다니 난 나쁜 엄마야.""난 아이를 좋아할 수 없는 부모인가 봐."라고 자신을 탓하면서 더욱 스트레스를 받고 괴로워한다. 이렇게 스트레스를 받으면 오히려 아이를 더욱 체벌하게 될 수도 있다.

비록 자녀교육에서 실수했어도 그것을 있는 그대로 인정하자. 인간은 완전하지 않기 때문에, 자기도 모르게 감정적으로 되어서 아이를 체벌할 수 있다.

"조금 전에 엄마가 그만 화가 나서 때렸는데, 미안해. 역시 때리는 건 안 좋은데 말이야."

하지만 아직 화가 가라앉지 않은 상태에서 아이에게 사과하는 것은 좋지 않다. 만약 아이가 경청하지 않는다면, "엄마가 모처럼 사과하는데, 그 태도가 뭐야?"라고 말하며 더욱 화를 낼 수도 있다. 부모와 아이 모두 마음이 가라앉은 다음에 제대로 사과하는 것이 좋다.

"널 때리다니, 난 나쁜 엄마인가 봐. 미안해."라고 말하며 심각해져서는 안 된다. '나쁜 엄마'라는 말을 듣고 기뻐하는 아이는 없다. 방식이 잘못되었을 뿐이지 '나쁜 엄마'는 없다.

앞으로 어떻게 하면 아이를 때리지 않고 말을 잘 전달할 수 있을지 생각해보자.

아이를 때리는 것이 훈계의 일종이라고 여길 수도 있지만, 그것은 잘못된 생각이다. 대개는 부모가 감정을 억누르지 못해 아이를 때리는 것이다. 야단치는 게 아니라, 분노와 짜증을 아이에게 마구 분출하는 것으로 볼 수 있다.

실제로 아이를 때릴 때는 단순히 눈앞에 있는 아이의 행동에 화를 낸다기보다 지금까지 아이에게 느꼈던 불만이 겹쳐지거나 마침 좋지 않은 일이 일어나면서 처음부터 짜증을 내는 것일 수도 있다.

그 사실을 아는 것만으로도 상황은 많이 달라진다.

아이가 한 행동을 보고 자기도 모르게 화가 났을 때는, 그

감정을 그대로 아이에게 내보여서는 안 된다. "엄마 지금 화났어!"라고 말로 전하는 것은 좋지만, 때리는 행동은 금물이다. 감정이 흥분된 상태에서 똑같은 실패를 반복하지 않으려면, 차분히 마음을 가라앉히는 시간을 갖도록 하라.

아이를 야단칠 때도 장을 보거나, 집 주변을 산책하거나, 세탁물을 거두는 등 머리를 식힌 후에 다시 한번 "아까 일은 말이야."라고 이야기를 꺼내는 것이 좋다. 이때는 "네가 말을 듣지 않는구나. 엄마 잠시만 밖에 나갔다 올게."라고 말하는 것도 금물이다. "지금 화가 나서 머리를 식히고 10분 후에 돌아올게."라든지, "미안하지만, 잠시만 쉬자. 나중에 다시 한번 이야기하자."라고 말하자.

약속을 어긴 부모와 잔뜩 화가 난 아이

사과보다는 앞으로 어떻게 할지가 더욱 중요하다

일을 하는 엄마는 늘 예정된 시간에 귀가하기 힘들다. "6시까지 돌아올게."라고 말했는데 공교롭게 야근해야 하는 경우도 생긴다. 이럴 때 "자꾸만 아이가 전화를 걸어와서 곤란해 죽겠어요."라고 말하는 엄마가 있다. 그렇지만 아이가 자꾸 전화하는 것은 엄마가 언제 돌아올지 몰라서 불안하기 때문이다.

약속 시각에 늦게 되면 그 사실을 안 시점에서 즉시 아이에게 알려주자. "6시에 돌아간다고 했는데, 일을 마치는 데 시간이 좀 걸릴 것 같아. 아마 8시에 집에 들어갈 것 같은데, 미안해. 대신 간식을 사 갈게."라고 말하면 아이는 기다릴 수 있다.

아무리 바빠도 엄마가 아무 연락을 하지 않으면, 시간이 지

날수록 아이는 불안에 빠진다. '혹시 엄마가 죽은 게 아닐까?' '다시는 돌아오지 않을지도 몰라.' 등 여러 가지 생각이 든다. 그래서 "엄마, 몇 시에 와?"라고 자꾸만 전화를 걸고 싶어지는 것이다.

"전화 좀 그만해!"라고 야단치면 오히려 아이가 불쌍하다. 그러지 말고 "엄마가 걱정되어서 전화했구나. 다음부터는 귀가 시간을 꼭 말해줄게. 걱정하지 않아도 괜찮아."라고 말해주자.

아이와의 약속은 가능한 한 지키도록 애쓰자. 일에 한하지 않고, 학부모 회의나 다른 볼일 때문에 외출할 때도 마찬가지다. 아이에게는 "시간을 잘 지켜야지!"라고 말하면서, 엄마가 시간을 제대로 지키지 않는 것은 분명 잘못된 일이다.

아이와 한 약속을 지키지 못할 때는 어떻게 하면 좋을까? 아이의 학예회에 꼭 간다고 약속했는데, 도저히 빠질 수 없는 용건이 생기는 바람에 가지 못했다고 해보자. 아이는 엄마가 오지 않은 것에 대해 실망하고, 기분이 나빠졌다.

아이가 기분이 나빠질 법하다. 그래서 "왜 오지 않았어요?" 하고 엄마에게 신경질적으로 물을 수도 있다.

"미안해. 중요한 용건이 있어서 말이야."

"온다고 했잖아요."

"그렇지만 도저히 오늘이 아니면 안 되는 중요한 일이었어."

"와 준다고 약속했으면서. 너무해요."

아이가 계속 그 일을 곱씹으며 이야기하더라도, 지나간 일은 어쩔 수 없다. 시간을 되돌릴 수는 없는 노릇이다.

우선 약속을 지키지 못했으니 제대로 사과하고, 다음부터 가능한 일을 같이 생각해보자.

"지금 엄마가 무엇을 하면 좋겠니?"라고 물어보라.

"엄마도 정말 보고 싶어서 그러는데, 학예회를 동영상으로 찍어놓은 사람이 없을까?"

그러면 아이는 약간 마음이 풀려서 "○○에게 한번 물어볼게요."라고 대답할지도 모른다.

또 "어떻게 했는지 궁금해. 좀 알려줄래?"라고 말하면, 아이는 열심히 자신이 한 역할이나 연극의 완성도에 대해서 들려줄지 모른다.

할 수 없었던 일 대신에 앞으로 가능한 일을 생각하는 방법을 아이에게 가르쳐주기 바란다.

21

완벽하지 않은 부모라
고민이라면

오히려 완벽하지 못한 부모가
아이를 편안하게 해준다

아이 앞에서 부부 싸움을 하는 것은 물론 좋지 않다. 하지만 부부가 대화를 나누다가 어느새 싸움으로 번지는 일이 종종 있다. 이럴 때 "아빠랑 엄마, 조금 전에 싸웠어요?"라고 아이가 물어보면 어떻게 대답해야 좋을까?

"싸움은 무슨. 그런 거 아냐."라고 속이는 것은 좋지 않다. "실은 아빠에게 애인이 있었단다." 같은 이야기는 아이에게 결코 해서는 안 되지만, 일상적인 이야기라면 알려주는 편이 좋다. 아이가 안심할 수 있어서다.

"그래. 이런 일로 아빠랑 의견이 맞지 않았단다. 싸움이 아니라 대화로 하고 싶었는데, 엄마도 모르게 감정적으로 되어버렸구나."

"아, 그러게. 조금 더 조용히 이야기하는 편이 좋았는데. 하하."

항상 훌륭한 부모가 아니어도 좋다. 실패하지 않는 완벽한 부모라면 아이도 숨이 막히고 만다. 자기도 모르게 아이 앞에서 부부 싸움을 했다면, 그것을 인정하면 되는 것이다. 물론 아이가 보는 앞에서는 싸우지 않는 것이 가장 좋다.

부부라 해도 여러모로 의견이 다를 수 있다. 긴밀히 대화를 나눠야 한다면 장소와 상황을 배려하자. 아이가 잠자리에 든 다음이나 부부끼리 산책하면서 이야기를 나누는 것이 좋다.

성숙한 자녀교육을 위한 말하기 습관

1. 위험한 일이라도 아이가 하고 싶어 한다면 도전할 수 있도록 아이에게 힘이 되어주자.
2. 실패를 경험하면, 아이 스스로 '열심히 공부하자!'는 동기를 얻을 수 있다.
3. 놀이의 재능을 키울 수 있는 아이는, 그 후 다양한 일에서 그 힘을 발휘할 수 있다.
4. 아이가 싫은 경험을 할 때마다 부모가 대신 처리한다면 아이는 스스로 일어날 힘을 키울 수 없다.
5. 아이가 자신을 좋아하려면 부모에게서 조건 없이 인정을 받아야 한다.
6. 자신의 존재 자체를 부정당하는 일만큼, 아이에게 상처가 되는 경험도 없다.
7. 부모가 실패를 인정하면 아이도 자신에게 솔직해질 수 있다.

실패했을 때야말로 "어떻게 하면 좋을까?" "어떻게 하면 잘 해낼 수 있을까?" 하고 생각할 좋은 기회다. 어디까지나 생각하는 데 도움이 되는 재료로서 부모의 경험과 정보를 제공하라. "엄마는 이런 방법도 있다고 생각하는데." "이렇게 생각해볼 수도 있을 것 같은데." 와 같이 몇 가지 사항을 제시하고, 아이에게 직접 선택할 수 있도록 하자.

6장

실패에서
배우는
자녀교육법

1
아이가 제대로
해내지 못했을 때

아이의 인격이 아니라
행동을 두고 평가하라

아이의 행동이 잘 풀리지 않았을 때, 부모들은 자칫 "네가 덜렁거려서 그래." "패기가 없다니까." "네가 제멋대로 하기 때문이야."라고 말해버리곤 한다. 이것은 아이의 인격 자체를 운운하는 것이다. 실패는 행동의 결과가 안 좋았기 때문이지, 인격의 문제가 아니다.

이럴 때는 "다음에는 어떤 식으로 행동을 하면 좋을까?" 하고 아이에게 스스로 생각하게 하자. 그러면 아이는 다시 도전할 수 있는 용기를 얻는다.

인격을 평가하는 것은 아이의 용기를 빼앗는 것과 마찬가지다. '나는 항상 당황해서 문제야.' '난 어차피 패기가 없어서.'라고 자신의 성격을 단정 지어서 새로운 일에 도전하지 못하게 만든다. 일이 잘 풀렸을 때도 마찬가지다. "좋은 아이구나."라고 인격을 평가하기보다 "스스로 해냈구나." "해줘서 큰 도움이 되었어."라고 아이의 행동을 인정해주자.

'인격이 아니라 행동.' 이것이 바로 아들러 심리학의 기본이다.

2
자녀교육에서
비교는 금물!

다른 아이와 비교하지 말고,
자녀의 성장을 인정하라

"다른 아이들은 열심히 공부하고 있는데."

"다들 무서워하지 않잖아. 너도 할 수 있을 거야."

이렇게 친구들과 비교를 당하면, 자녀는 '난 아직 많이 부족하구나.' '다른 아이처럼 할 수 없다.'라고 느낀다. 이래서는 실패가 아이에게 도움이 되지 않는다. 타인과의 비교가 아닌, 자녀의 성장에 초점을 맞추는 것이 중요하다.

"어제보다 많이 공부했구나."

"예전보다 당당히 할 수 있게 되었구나."

아주 작은 일이라도, 자신의 성장을 인정받으면 아이는 자신감을 얻는다. 실패를 통해서 자신감을 키워나갈 때, 앞으로 나아갈 힘도 생겨난다.

3
결과보다
과정에 주목하라

**아이의 용기를 인정해주는
자세가 필요하다**

　결과가 좋은지 나쁜지보다 '어떤 식으로 시도했는가?'에 주목할 수 있어야 한다. 아무리 열심히 해도 좋은 결과가 나오지 않는 때가 있지만, 그 과정에서 아이는 많은 것을 배운다. 아쉬운 결과에 "이런 잘 안 되었네."라는 한 마디로 끝나면, 아이가 노력한 과정이 물거품이 되고 만다.

　부모가 "이런 식으로 시도한 것은 좋았던 것 같아."라고 인정해주면, 아이에게도 '다음에는 좀 더 이렇게 해보자.' 하고 마음속에 열의가 생겨난다.

　금방 얻은 결과보다 여러 번의 실패를 통해 얻는 결과가 아이에게 훨씬 도움이 된다. 아이가 용기를 잃지 않고 '자기다움'을 간직할 수 있을 때 새로운 일도 시도할 수 있다.

4
실수보다는
성과를 보자

**아이가 하지 못한 일보다는
해낸 일을 위주로 이야기하라**

"넌 항상 물건을 잘 놓고 다니는구나!"라는 말을 자주 듣는 아이도, 날마다 물건을 잊어버리지는 않을 것이다. 잊지 않고 잘 챙길 때도 있다. "너는 항상 떠들기만 하는구나!"라고 자주 야단을 맞는 아이도, 조용히 할 때가 분명 있을 것이다.

부모는 자주 문제가 일어났을 때는 아이에게 주의를 주지만, 아무 문제 없이 잘 해낼 때는 무의식적으로 당연한 일로 넘기고 만다. 아이가 잘했을 때를 주목해서, "오늘은 물건을 잘 챙겨왔네." "조용히 있었네." 하고 인정해주자.

즉 젓가락질이 서툴다고 핀잔만 주지 말고, 아이가 젓가락질을 제대로 해낸 날에는 칭찬해줘야 한다. 그러면 아이도 더욱더 젓가락질을 연습해볼 용기를 얻는다.

⑤ 아이에게 일일이 답을 주려는 부모

**해답을 알려주지 말고
해내는 방식을 가르쳐라**

부모는 자녀에 비해 많은 경험과 정보를 가지고 있다. 그래서 "이렇게 해라." "이렇게 하면 좋다."고 아이에게 일일이 답을 주려는 부모도 존재한다.

겉으로는 이렇듯 부모가 아이에게 해답을 건네주는 것이 큰 도움이 되는 것처럼 보일 수 있다. 현실은 이와 반대다. 그렇게 해서는 아이 스스로 생각할 힘과 판단할 힘이 자라지 않는다.

실패했을 때야말로 "어떻게 하면 좋을까?" "어떻게 하면 잘해낼 수 있을까?" 하고 생각해볼 좋은 기회다.

어디까지나 생각하는 데 도움이 되는 재료로서 부모의 경험과 정보를 제공하라. "엄마는 이런 방법도 있다고 생각하는

데.” “이렇게 생각해볼 수도 있을 것 같은데.”와 같이 몇 가지 사항을 제시하고, 아이에게 직접 선택할 수 있도록 하자. 멀리 돌아서 가는 것처럼 보여도, 이 단계를 제대로 밟는다면 아이가 자신의 결정에 책임을 질 수 있게 될 것이다.

6
이심전심으로는
부족하다

아이가 진심을 전할 수 있도록
용기를 북돋아주자

'이심전심'이라는 말이 있다. 굳이 말하지 않아도 서로의 마음을 충분히 헤아린다는 뜻이다. 그것은 서로가 같은 문화권에서 생활해왔기 때문이다. 하지만 국제화 시대인 지금은 더는 통하지 않는다.

그럼에도 사람들은 '말하지 않아도 다 알아줄 거야.' 하며 어리광을 부린다. 가정에서도 마찬가지다. 계속 고개를 숙이거나 훌쩍훌쩍 울고 있는 아이에게 "슬프지? 또 저 아이가 괴롭혔구나. 그렇지?"라고 엄마가 아이를 대신해서 아이의 상태를 단정하는 일은 그만두자.

자녀가 화가 나서 친구를 한 방 때렸을 때도 "때리면 안돼!"라고 말만 하는 것이 아니라, "왜 때렸니? 너 스스로 말해보렴." "다음에 이런 일이 또 생겼을 때 어떻게 해야 친구를 때리지 않고 마음을 전할 수 있을까?"라고 물어보자. 무슨 일이 있었는지, 어떻게 느끼고 있는지 또 어떻게 하고 싶은 건지 등, 아이가 말로 진심을 전할 수 있어야 한다.

7
폐만 끼치지 않으면
다행인 걸까?

> 다른 사람에게 도움이 되는
> 삶의 방식을 가르쳐야 한다

누구나 타인에게 폐를 끼치지 않고 생활할 수 없다. 그러므로 남에게 폐를 끼쳤을 때는 "미안해."라거나 가능한 범위 내에서 해결하는 것이 좋다.

사람은 모두 타인에게 신세를 지면서 산다. 단지 옛날과 달리 이웃에게 부탁할 일이 줄어들면서 서로 신세 지는 모습을 보기 힘든 것뿐이다.

옛날에는 간장이 떨어지면 옆집에 가서 "간장 좀 빌려주세요."라고 부탁했다. 지금은 언제 어느 때라도 편의점에 가면 얼마든지 살 수 있다. "잠깐 외출하는데 우리 집 좀 부탁드릴게요."라고 말하지 않아도 돈만 내면 안전까지 보장해주는 세상이다. 하지만 이것도 모두 다른 사람들이 일해주기 때문이 아닌가!

"다른 사람에게 폐를 끼치지 마라!"가 아니라, "모두가 신세를 지면서 살고 있으니 너도 힘을 키워서 다른 사람에게 도움을 주렴." 하고 가르쳐라. 부디 사회에 공헌할 수 있는 아이로 키워주기를 바란다.

실패에서 배우는
자녀교육법

1. 아이의 인격이 아니라 행동을 두고 평가하라. 이것이 아들러 심리학의 기본이다.
2. 아주 작은 일이라도, 자신의 성장을 인정받으면 아이는 자신감을 느끼고 앞으로 나아갈 힘을 얻는다.
3. 좋은 결과를 얻지 못하더라도, 그 과정에서 아이는 많은 것을 배운다. 아이가 용기를 잃지 않았을 때야말로 새로운 도전을 시도할 수 있다.
4. 아이가 해내지 못한 일보다는 해낸 일을 위주로 이야기하라.
5. 부모가 섣불리 나서서 자녀에게 해답을 알려주지 말고 해내는 방식을 가르쳐라.
6. 자녀가 부모에게 진심을 전할 수 있도록 용기를 주자.
7. 다른 사람에게 도움이 되는 삶의 방식을 가르쳐라.

우리 아이 자존감을 키우는 부모 수업

2판 1쇄 인쇄 2021년 3월 2일
2판 1쇄 발행 2021년 3월 12일

지 은 이 | 호시 이치로
옮 긴 이 | 김현희

발 행 처 | 이너북
발 행 인 | 이선이

편   집 | 고은희
마 케 팅 | 김 집
디 자 인 | 이유진

등   록 | 제 2004-000100호
주   소 | 서울특별시 마포구 백범로 13 신촌르메이에르타운 II 305-2호(노고산동)
전   화 | 02-323-9477 **팩   스** | 02-323-2074
E-mail | innerbook@naver.com
블 로 그 | http://blog.naver.com/innerbook
페이스북 | https://www.facebook.com/innerbook